南京大学郑钢基金
ZHENG GANG FUND OF NANJING UNIVERSITY

由南京大学郑钢基金资助出版

折射集
prisma

照亮存在之遮蔽

Jon Barwise & John Etchemendy

The Liar:
An Essay on Truth and Circularity

当代学术棱镜译丛 · 当代逻辑理论与应用研究系列
丛书主编 张一兵 副主编 周宪 周晓虹

说谎者悖论:
真与循环

[美]乔恩·巴威斯 [美]约翰·埃切曼迪 著 贾国恒 译

南京大学出版社

本书系国家社科基金重大项目"广义逻辑悖论的历史发展、理论前沿与跨学科应用研究"（编号 18ZDA031）及上海市哲学社会科学规划项目"情境语义学解悖方案研究"（编号 2019BZX010）阶段性成果。

献给老师、同事和朋友

约翰·佩里

《当代学术棱镜译丛》总序

自晚清曾文正创制造局，开译介西学著作风气以来，西学翻译蔚为大观。百多年前，梁启超奋力呼吁："国家欲自强，以多译西书为本；学子欲自立，以多读西书为功。"时至今日，此种激进吁求已不再迫切，但他所言西学著述"今之所译，直九牛之一毛耳"，却仍是事实。世纪之交，面对现代化的宏业，有选择地译介国外学术著作，更是学界和出版界不可推诿的任务。基于这一认识，我们隆重推出《当代学术棱镜译丛》，在林林总总的国外学术书中遴选有价值篇什翻译出版。

王国维直言："中西二学，盛则俱盛，衰则俱衰，风气既开，互相推助。"所言极是！今日之中国已迥异于一个世纪以前，文化间交往日趋频繁，"风气既开"无需赘言，中外学术"互相推助"更是不争的事实。当今世界，知识更新愈加迅猛，文化交往愈加深广。全球化和本土化两极互动，构成了这个时代的文化动脉。一方面，经济的全球化加速了文化上的交往互动；另一方面，文化的民族自觉日益高涨。于是，学术的本土化迫在眉睫。虽说"学问之事，本无中西"（王国维语），但"我们"与"他者"的身份及其知识政治却不容回避。学术的本土化绝非闭关自守，不但知己，亦要知彼。这套丛书的立意正在这里。

"棱镜"本是物理学上的术语，意指复合光透过"棱镜"便分解成光谱。丛书所以取名《当代学术棱镜译丛》，意在透过所选篇什，折射出国外知识界的历史及面貌和当代进展，并反映出选编者的理解和匠心，进而实现"他山之石，可以攻玉"的目标。

本丛书所选书目大抵有两个中心：其一，选目集中在国外学术界新近的发展，尽力揭橥域外学术自 20 世纪 90 年代以来的最新趋向和热点问题；其二，不忘拾遗补阙，将一些重要的尚未译成中文的国外学术著述囊括其内。

众人拾柴火焰高。译介学术是一项崇高而又艰苦的事业，我们真诚地希望更多有识之士参与这项事业，使之为中国的现代化和学术本土化做出贡献。

丛书编委会
2000 年秋于南京大学

前　言

　　历史上，集合论悖论和语义悖论在逻辑学中具有极其重要的影响。一方面，20 世纪初发现的集合论悖论，造就了逻辑学、元数学和数学基础研究的繁荣景象，并且直接导向人们现在关注的很多问题。另一方面，这些悖论涉及相似的结构，即对角线结构（diagonal constructions），为人们提供一种最基本的逻辑工具。容易想到的例子是，对角线结构给人们提供了集合论中的康托尔定理（Cantor's Theorem），递归论中的停机问题不可判定性定理和证明论中的哥德尔不完备性定理（Gödel's Incompleteness Theorems）。

　　然而，令人惊奇的是，在逻辑学的一个分支中，即在模型论中，悖论的影响几乎完全是负面的。说谎者悖论使模型论的奠基者们确信，包含它们自身的真值谓词的语言和允许循环指称的语言都是不融贯的（incoherent）；该悖论导致这样的语言被排出主流逻辑。给定对角线论证（diagonal arguments）在逻辑学其他部分中的那些硕果，人们希望知道模型论追随的线路是否是该悖论的真正最富有成效的应对方法。在本书中，我们为说谎者悖论提供一种阐释，它表明说谎者悖论是一种真正的对角线论证，该论证对于人们理解在日常语言中发现的最基本的语义机制具有深远的影响。的确，我们认为，说谎者悖论对于语义学的基础原理具有十分重大的意义，正如像集合论悖论对于集合论的基础原理那样。

　　我们努力使本书在最大程度上是自足的。特别是，我们不预设读者熟悉语义悖论的任何其他解决方案。我们详细阐述两种最著名的解决方案，即塔斯基（Alfred Tarski）的解决方案和克里普克（Saul Kripke）的解决方案，以让读者理解我们的解决方案有何不同及其原因。但是，对于近年探索出的很多其他有趣的方案，我们仅仅顺便提及（如果讲到的话）。我们希望，读者在读过本书后愿意比较我们的阐释与其他某些阐释。我们认为马丁（R. M. Martin）编辑的《关于真与说谎者悖论的最新论文集》（*Recent Essays on Truth and the Liar Paradox*）是一个极好的出发点。后面提到的几篇论著，包括克里普克的论著，都重印于马丁的这部论文集。我们特别提请注意帕森斯（Parsons，1974）和伯奇（Burge，1979）的阐释。虽然他们的方案相差颇大，与我们的阐释差异也颇大，但他们的方案都与我们这里论证的阐释具有重要的相似之处。

本书希望适用于具有一阶逻辑应用知识和策墨罗-弗兰克尔（Zermelo-Fraenkel）集合论基础的任何人。我们希望这里介绍的结果和技术对于相当广泛的读者，包括逻辑学家、语言学家、计算机科学家和语言哲学家，都是有用和有趣的，因此努力把本书写得使这些群体都可以理解。为如此多样性的读者写书，自然有些困难。虽然这种内容迫使我们的阐述具有相当的数学风格，但我们努力使本书在阐述和组织上适用于所有这些领域的读者。不太喜欢我们阐释的技术细节的读者，大可跳过比较复杂的定理证明。对于那些包括较多技术细节的证明，本书从描述它们的主要思想出发，以满足大多数读者的需求。然而，简单的证明是应当阅读和理解的，因为它们往往揭示出该阐释的关键特征。

为了帮助读者理解和熟悉本书较为技术性的一面，我们在本书中安排广泛的练习，从非常简单的到相当困难的都有。这些练习即使不全做出来，至少也应当读一读，因为它们有关于本书的流程。我们希望这些练习，加上本书的十三章内容，使本书成为修完一个研究班的一本有益的教材。此外，我们还在书中放入一些开放问题，以激发进一步的研究。

本书有一章全部用来阐述彼得·阿泽尔（Peter Aczel）的集合论 ZFC/AFA 及其超集全域（universe of hypersets），以将之应用于我们的阐释。我们发现，ZFC/AFA，对于说谎者悖论涉及的各种循环的建模，是一种极其方便的理论；我们相信，它是一种重要的新的数学工具，并且将得到越来越广的运用。即使不喜欢我们对于说谎者悖论的处理的读者也会发现，获得阿泽尔的超集技术，对于通读本书所花的努力是值得的。

鸣　谢

　　本书由于得到系统发展基金会（the System Development Foundation）的资助才得以可能，而且本书还得到 NSF DCR－8403573 的部分资助。本书著于语言与信息研究中心（Center for the Study of Language and Information：CSLI），所用的计算机设备是由 The Xerox Corporation 和 The Digital Equipment Corporation 提供的。语言与信息研究中心的人们来自不同学科，具有根本不同的背景和观点，但他们拥有共同的研究主题，对于本书来说这种环境的促进作用在形式和内容上都是关键的。我们要感谢语言与信息研究中心的所有同事，尤其是情境论和情境语义学（Situation Theory and Situation Semantics：STASS）项目①的合作者，感谢他们的智识启发和激励。

　　本书第Ⅲ篇的一个早期版本曾提交给 1985 年夏在斯坦福大学召开的符号逻辑协会，其较晚版本在过去一年里曾提交给许多会议和研究班。我们的思想从来自这些场合的反馈中获得很大益处，我们感谢所有那些参与者。去年春，语言与信息研究中心举办了 AFA 研究班，该研究班的参与者认真地讨论了本书的完整第一稿，我们特别感谢他们和研究班的组织者达格·韦斯特斯托尔（Dag Westerståhl）。我们还要感谢该书倒数第二稿的读者，无论匿名与否，他们指出了大量问题。　x 尤其应当提到马克·克里明斯（Mark Crimmins）、格雷格·奥海尔（Greg O'hair）和戈德哈特·林克（Godehard Link），他们给我们的最后完善提出了非常有益和及时的建议。还应提到彼得·阿泽尔和罗宾·库珀（Robin Cooper），他们使我们避免了两处硬伤。

---

　　① Curtis Abbott, Mark Gawron, Joseph Goguen, Kris Halvorson, David Israel, Pepe Meseguer, John Perry, Stanley Peters, Carl Pollard, Ken Olson, Mats Rooth, Brain Smith, and Susan Stucky.

本书是用 LATₑX 来写作编排的，LATₑX 是莱斯利·兰波特（Leslie Lamport）创制的一种文件编写系统，是唐纳德·克努特（Donald Knuth）的排版系统 TₑX 的一种特殊版本。英格丽德·戴维克斯（Ingrid Deiwiks）校对了这部书稿，爱玛·皮斯（Emma Pease）和迪克兰·卡拉格冉（Dikran Karagueuzian）则编排了用于影印稿的最终文本。南希·埃切曼迪（Nancy Etchemendy）做了插图。我们感谢他们所有人的出色付出。

从本书内容显然易见，我们应当向彼得·阿泽尔致以特别的谢忱。关于 AFA 的工作，是他在 1984—1985 年冬，在延长访问语言与信息研究中心时期提出来的，实际上，是这项工作最早把我们吸引到该话题的。阿泽尔的工作为各种各样的循环现象提供了一种强大而美妙的建模技术，它使我们摆脱了关于本书阐述的那些话题的一些旧的思维方式。的确，以 AFA 和情境语义学整体观念提供的新工具来处理说谎者悖论既刺激又有趣，我们几乎不愿看到该项目的自然结束了。但是，我们希望读者能够分享我们获得的这些思想和使用的这种新的数学工具，甚至希望一些读者将继续扩展这里呈现的架构，或者把 AFA 运用于其他问题。

无论这个项目对于我们来说是多么有趣，我们都不能说自己的妻子能够从中分享到乐趣。非常感谢玛丽·埃伦（Mary Ellen）和南希，她们包容我们在过去一年半中花费很多周末和夜晚时间一起工作。最后，我们还要特别感谢我们其他的家庭成员。具体地说，我们一定要特别感谢克莱尔·巴威斯（Claire Barwise）和麦克斯·埃切曼迪（Max Etchemendy），他们都是两岁，不知情地充当了我们的例子来源。他们比 AFA 还有趣。

乔恩·巴威斯

约翰·埃切曼迪

1986 年 9 月

加利福尼亚，斯坦福

目 录

第 I 篇 引 言

第 II 篇 罗素命题与说谎者悖论

第 Ⅲ 篇　奥斯汀命题与说谎者悖论

第 I 篇

引　言

第 1 章　说谎者悖论

第 1 节　一些背景

据说，逻辑学家们讨厌歧义，但喜欢悖论。或许，这就是他们倾向于给出避免著名的说谎者悖论的正式处方而如此不愿诊断导致该悖论背后问题的原因。虽然说谎者悖论很古老，而且具有真正的重要性，但它不曾得到足够的分析，至少我们感觉如此。由于它明显涉及最基本的语义概念"真""指称"和"否定"，而不涉及其他概念，所以这种理解缺失就导致质疑语义学的那些相应的基础原理。

说谎者悖论得名于明确表达一位说者直接或间接地断定他自己的断定是一句谎言。这种最简单的断定的一种形式是"我正在说谎"。然而，通常谈论的说谎者悖论不是这种形式，因为说谎引进各种各样的额外问题，诸如该说者有意骗人，而这些问题对于该悖论来说却不是本质的。相反，比较传统的做法是以下列概括版本之一来处理说谎者悖论。

(1) 我现在说的这句话是假的。

(2) 本断定不是真的。

（3）本列第 3 个语句不是真的。

只要人们试图判定上述这些断定是真的或假的，问题就向我们迎面袭来。因为看起来，这样的断言是真的，当且仅当它们不是真的。但是，这当然是矛盾的，因此一定出现了某种严重错误。

初次遭遇时，这类断定很难不被当作玩笑，无关乎严肃的知识探索。但是，当一个人的研究主题涉及以"真"概念为核心时，例如，当研究一种语言的语义性质时，这种玩笑就呈现出一种严肃的新面孔：它们变成真正的悖论。在集合论、物理学和语义学等不同领域中，20 世纪的科学发展的重要教训之一就是悖论问题。一个悖论的意义并不在于该悖论本身，而在于它是什么问题的征兆。因为一个悖论表明人们对于某个基本概念或某些概念的理解具有重大缺陷，表明这些概念在极限情况下就会发生故障。虽然这些极限情况可能显得古怪或不大可能，甚至好笑，但该缺陷自身是这些概念的一种特征，而不是使之暴露出来的这些极限情况。如果这些概念是重要的，那么这就不是笑料。

一个悖论的足够分析应当诊断出该悖论所暴露问题的根源，并帮助人们完善所涉及的概念，使它们变成真正融贯的概念。但是，这种分析应当保证事物在正常情况下运行。例如，这种分析已经出现于集合论和相对论。但是，这种分析还没有出现于语义悖论，至少我们的看法如此。

关于说谎者悖论的传统学识可以追溯到塔斯基的重要的专著《形式化语言中的"真"概念》(*The Concept of Truth in Formalized Languages*)①。塔斯基的这一专著并不是第一次试图严肃解决说谎者悖论。的确，中世纪以来，说谎者悖论就成为哲学家和逻辑学家持续关注的话题。但是，这种处理是第一次运用现代逻辑和集合论工具认真地制定解决方案。由于在很大程度上它的形式细致而精确，所以塔斯基的解决方案很多年来一直被认为是足够的，即使不是说谎者悖论的

---

① Tarski (1933), (1935), (1956).

一种真正解决，也至少是没有完全放弃"真"概念的、避免说谎者悖论的
一种一般方法。

　　塔斯基关心的是科学和数学论述的相容性（consistency）。他认识
到，在这样的论述中，人们往往用到"真"概念，其运用方式是不易避免
的。例如，在逻辑中，当人们谈论某种给定形式的所有陈述
（statements）为真时，或者谈论某种非具体论证的所有前提为真时，不
利用"真"概念，就难以看出人们如何谈论相同事物。但是，如果人们的
寻常概念"真"是有所不融贯的，正像说谎者悖论暗示的那样，那么这就
提出一个问题，即是否同样的不融贯性传染给了预设该直观概念的数
学和科学论述。这种担忧就是塔斯基展开阐述的出发点。

　　塔斯基在他的这部专著中表明，在很多情况下，如果人们从一种固
定的"对象语言"（object language）$\mathcal{L}$ 出发，那么就可能在一种丰富的
"元语言"（metalanguage）$\mathcal{L}'$ 中给出一个谓词 $True_{\mathcal{L}}$ 的一种明显的可消
去的（eliminable）定义，该定义恰好适用于该初始语言的真语句
（sentences）。为了运用塔斯基的技术，该元语言必须能够表达在该初
始对象语言中能够表达的任何事物，必须包含描述其语形的简单设施，
最后还必须比该初始语言具有更多的集合论资源。由于所定义的谓词
适用于并且仅适用于 $\mathcal{L}$ 的所有真语句，所以可以说，人们希望在元语
言中谈论的许多事物都用到直观的"真"概念，至少当人们把"真"的属
性限制于初始语言的语句时如此。假定我们的定义涉及的语形和集合
论概念是融贯的，那么这些属性就不会导致悖论。当然，当这样定义的
谓词被用于其他语言的语句时，尤其是当它不契合元语言 $\mathcal{L}'$ 的"真"概
念时，该谓词就是不足的：因为我们必须在一种**元元语言**（a
metametalanguage）$\mathcal{L}''$ 中定义一个新的谓词，该元元语言与 $\mathcal{L}'$ 的关系等
同于 $\mathcal{L}'$ 与 $\mathcal{L}$ 的关系。

　　塔斯基认识到，他的解决方案不适用于自然语言，或者不适用于在
自然语言中可表达的"真"概念，至少如果不对自然语言进行根本性人
工改造就是如此。他的解决方案取决于把科学语言严格整编为各种层

6

次的可能，从对象语言到元语言，到元元语言，如此等等。如果这种严格整编得以实施，那么显然，像从（1）到（3）那样的语句，在它们的那个层次的语言系统中，就是不可表达的。因为一种给定层次的语言只能谈论较低层次的语言的句子的真，但不能谈论它自己断言的真，更不用说在较高层次的语言中才可表达的断言了。塔斯基希望，以这种方式，利用人们公认的人工设施，来避免悖论。

尽管塔斯基的说谎者悖论解决方案具有极大影响，但它也存在很多令人不满的地方。克里普克在很大程度上使许多哲学家和逻辑学家相信，塔斯基的方案不能扩展至"真"概念的日常用法。[①] 在其著名论文《真理理论纲要》（"Outline of a theory of truth"）[②]中，克里普克做了两件事。第一，他表明，说谎者悖论涉及的那类循环指称现象不但比人们想象的要普遍得多，而且一句话是不是悖论性的很可能取决于非语言的经验事实。例如，请考虑下述取自克里普克这篇论文中的一对语句：

（1.1）尼克松（Nixon）关于水门事件的大多数断定都是假的。

（1.2）琼斯（Jones）说的关于水门事件的任何事情都是真的。

这两个语句显然不是内在悖论性的（intrinsically paradoxical）。容易想象这两个语句之一为真或者两者均为真的各种各样的情境。但是，克里普克观察到，也会存在一些环境，它们在其中是悖论性的。例

---

① 即使人们把"真"概念的用法限定于科学事业，塔斯基的解决方案也存在问题。因为塔斯基给出的 True 的定义是**可消去的**，也就是说，这种定义允许系统地消去所定义的谓词的所有出现场合，一个人可以把他的结果视为表明如果人们引进充分的语形和集合论机制，那么人们利用"真"概念所说的很多事情，即使不利用它，也可以说出。然而，该方案的一个严重问题是，这种定义的概念不产生对于语义学而言足够的"真"概念，因而至少语义学家不能诉诸塔斯基的悖论解决方案。关于这种观点的详细情况，请参见 Etchemendy (1988)。
② Kripke (1975).

如,如果琼斯断定的是(1.1),并且那是他关于水门事件的唯一断定,而尼克松断定(1.2),并且尼克松关于水门事件的其他断定真假参半。这样的例子表明,正像克里普克所说,"不存在语形或语义的'筛子',以挑出'坏的'语句而保留'好的'语句"[1]。特别地,塔斯基提出的那种语言层次将排除像这两个语句那样的句子,尽管它们也具有完全无害的非悖论用法。

7

克里普克的第二个贡献是同等重要的。塔斯基的解决方案从提出以来就受到批判,但克里普克不仅仅是批判这种标准解决方案,他接着还为一种语言提出一种运转良好的真理理论,这种语言既允许循环指称又包含它自身的真值谓词。这样做,他就使人们相信,说谎者悖论在日常语言中展现出来的问题不是内在无解的,因而再次激起人们对于这个古老问题的浓厚兴趣。很多作者质疑克里普克解决方案的某些特征,但都遵循他的大致方案。我们将在第 5 章中相当详尽地讨论这种方案。尽管我们没有发现克里普克对于**真**的肯定阐释的引人注目之处,但我们确实完全赞同他的第一部分论证:塔斯基对于该悖论的解决方案没有触及问题的核心,该解决方案没有为该悖论做出真正的诊断。

第 2 节　悖论诊断

说谎者悖论的一种解决方案通常具有下述形式。首先,通过讨论有关常识概念,提出和修正各种各样的直观上貌似可信的(plausible)原理。然后,一个矛盾就随着这些直观原理而暴露出来。这时,这种讨论就直接转向哪些原理可以保留和哪些原理必须抛弃的问题:目标当然是获得刻画那些常识概念的一个相容的原理集,即避免说谎者悖论

---

[1]　Kripke (1975), p. 692.

的一个集合。但是，在某种意义上，尽管有这种解决方案，说谎者悖论仍然是悖论。因为说谎者悖论迫使人们抛弃直观上貌似可信的语义原理，除了该悖论本身，并没有为人们给出这些原理虚假的理由。我们知道它们是假的，却不知道**为什么**。

　　由于要求对该悖论进行诊断，①所以我们便考虑一种相当不同的方案。自然语言确实给人们提供了各种各样的复杂设施和机制，诸如几乎可以指称任何事物的能力，以及表达关于指称任何事物的命题（propositions）的能力。在这些事物中，人们可以指称语句、陈述和命题，可以言说那些或真或假的东西。显然，在处理该悖论中通常引进的这些原理时，都是基于人们关于这样的重要机制的运作方式的素朴直觉。说谎者悖论给予人们的明显教益是，虽然人们的语义直觉大体上无疑是可靠的，但它们是需要提炼完善的。但是，人们的直觉的提炼过程要求更好地理解语言机制本身，以及它们如何相互作用，而不仅仅是评估那些描述人们的粗浅直觉的非完美原理。

　　方案的这种差异在集合论悖论那里已经受到重视。素朴集合论的基础是关于集合存在和集合元素资格（membership）的普遍可靠的直觉。结果，这些直觉是错误的。关于集合的新的精致的直觉产生于策墨罗的"累积层级"（cumulative hierarchy）概念；相比基于这种精致直觉的解决方案，那些悖论的纯形式解决方案不受欢迎。这种概念对于所有集合论悖论都有启发作用。类似地，语义机制的完善理解应当能够阐明以说谎者悖论为首的各种各样的语义悖论。

　　虽然对于在说谎者悖论中起作用的语义机制而言，我们不断言我们拥有一种全新的概念，但我们确实希望提出新的工具以分析某些较旧的被忽视的概念。并且在这样做的过程中，我们希望能够揭示出导致类说谎者悖论（Liar-like paradoxes）的基本问题。第一个工具是借用

---

①　关于诊断悖论与简单处理悖论之间不同的深入探讨，请参见 Chihara（1979）。

于情境语义学①的"部分情境"（partial situation）概念（以及相关的"事实"概念）。第二个工具是彼得·阿泽尔发展的杰出的新的集合论架构。阿泽尔发展该架构的动机是建模循环［以及其他非良基（non-wellfounded）］计算进程，但它同样适用于建模循环命题和其他非良基语义对象。我们认为，缺乏这样的集合论架构，限制了说谎者悖论的以往的解决方案，因为这容易使人假定在集合论中不能直接建模的东西就是根本不能建模的。

本书的目标是为说谎者悖论涉及的语义机制提供一种严格的集合论模型，该模型尽可能地保留人们关于那些机制的素朴直觉。有鉴于此，我们将重审几个问题，说谎者悖论的当代解决方案倾向于给这些问题预设答案，诸如**真**实际上是一种性质。我们的一些答案对于很多逻辑学家和哲学家来说似乎是不标准的，但我们认为这至少部分是因为逻辑和哲学共同体背离了有关在说谎者悖论中起作用的那些设施和机制的各种各样的前理论（pretheoretic）直觉。

最后，我们认为，我们的阐释不仅仅为说谎者悖论提供一种解决方案。它为该悖论何以产生提供一种说明，也为究竟是人们的哪种粗浅直觉导致矛盾提供一种说明。该诊断揭示的一个特征是，该语义悖论与众所周知的集合论悖论之间存在惊人的类似，这种类似总是给人以模糊的感觉，从来没有明确地出现于说谎者悖论的形式阐释中。

第 3 节　基本决定

在我们开始诊断前，我们必须做出一些非常基本的决定，即关于如何对待真、指称和否定这三种基础机制的决定。如果我们要进行严格的语义分析，那么每个决定的微妙之处都需要引起注意。它们在大多

---

①　请参见 Barwise and Perry（1983）。

数情况下都极其容易背离和过度简单化而不至于引起问题,但当我们把它们三者结合在一起时,就会证明这是灾难性的。

一、真值载体

我们必须首先判定**真**是何者的性质:是语句的性质呢,还是人们用语句表达的东西的性质呢? 本世纪大部分时间的逻辑传统都把语句当作真值载体。只要人们想象自己使用像永恒句那样的东西,即它们的内容独立于它们的运用环境的语句,那么这种判定在很大程度上就是适宜的:在这些假定下,语句是比较适宜的,因为它们提供了相当具体的有结构的对象以用于定义**满足**和**真**,从而使我们避免当人们运用语句表达事物时事物的结构性质问题。

真,正像我们平常对于该概念的理解那样,是诸如断言(claims)、证明、断定(assertions)、信念、陈述或命题等事物的性质,而不是语句的性质。但是,语句作为真值载体的判定已经被证明是一种有益的假定,是获得一定逻辑阐释而又在真值载体的本性上不陷入额外逻辑问题的一种好方法。然而,只有我们能够无歧义地把关于此世界(the world)的一个断言与每个语句联系起来,或者由一个语句的不同用法而做出的不同断言之间的差异对于眼前的目的来说微不足道时,该假定才是无害的。

在很多情境中,一个语句与其表达的东西之间的差异可以被忽略不计。例如,给定太阳系的稳定性,那么(＊)的任何用法都表达大致一样的东西,或者至少表达某种具有相同真值的东西。

(＊)地球是距离太阳第三位的行星(Earth is the third planet from the sun)。

然而,对于一个表面上与此类似的语句,比如,

(＊＊)伯爵是那排中的第三个人(Earl is the third person in the line),

10

我们看到,它表达的东西就高度依赖于它的运用环境。这是指哪位伯爵和哪一排呢?即使我们固定一位伯爵和一排,(＊＊)也可能有时是真的,而有时是假的。毕竟,碰巧的话,伯爵正沿着那排往前走呢。对于这样的例子,给该语句本身指派真值显然是没有意义的,这对立于该语句的一种给定用法所碰巧表达的东西。

导致说谎者悖论的语句是否类似于(＊)或(＊＊)呢?这样的语句与它们表达的东西之间的差异可以忽略不计吗?这有待于考察。① 在这里,我们希望指出的一点是,如果我们决定给语句赋值,那么我们就存在预判一个关键问题的危险。只要说谎者句(the Liar sentence)在表达上存在依赖于除其自身以外的事物的可能,那么我们就应当放弃以语句作为主要真值载体的假定。

一旦我们放弃把语句作为真值载体,我们就必须用其他东西取而代之,最自然的候选者就是陈述和命题。人们通过一个**陈述**来理解某种可确定日期的事件,即说者利用陈述句断定或试图断定的事件。对比之下,我们把一个**命题**当作关于此世界的一个断言,即由一个成功陈述所断定的那种东西。有些作者运用词项"陈述"的方式就是我们运用语词"命题"的方式,但我们发现后一术语更适宜,更符合日常用法。

我们准备既使用陈述又使用命题,但我们将把**真**作为命题的一种基本性质,而把它作为陈述的一种派生性质。这种抉择有两种考虑:精细的考虑和可能缺乏真值的考虑。陈述比命题精致得多。如果我现在说"我累了",那么我的表达与你现在说我"他累了"的表达是相同的。我们做出不同的陈述,它们具有不同的性质,最明显的是,它们涉及不

① 当然,一些杰出的学者认为那是不能忽略不计的。例如,Charles Parsons (1974)和 Tyler Burge (1979)论证,说谎者悖论涉及某种语境依赖性。这种想法当然是有其初步理由的。因为该悖论涉及一个论证,而在该论证中存在对于说谎者悖论句的反复指称。如果由于某种原因,说谎者悖论句的这些不同用法确实表达不同的命题,那么就可能根本没有悖论。这是帕森斯采取的基本线路。他论证,说谎者悖论句与它的表达之间存在一种隐含量化,而量化域(range)在论证过程中却有所变化。伯奇则论证,谓词"真"的外延随着语境的变化而变化。

同的说者，使用不同的语句，但它们却具有相同的真值。直觉上，它们具有相同的真值，**是因为**它们表达相同的命题，做出相同的断言。这自然使人把命题而不是把陈述看作首要的真值载体。

陈述与命题之间的另一种直觉不同是，后者不具有前者的出错方式。特别地，我可以做出一个没有真值的陈述，这可能是因为该陈述预设了非事实的东西。例如，如果我指着空桌面说"那张扑克牌不是黑桃幺"，那么我的陈述就没有真值，这不同于如果我指着黑桃幺而做出的该陈述。我们认为它不表达命题，因为那错误地预设了我指着一张扑克牌；因此，该陈述没有真值。正如我们对于这些术语的理解，陈述可能有预设，而命题则不同，它们是由满足预设的陈述而做出的断言。

这两种考虑都显示，把**真**作为命题的基本性质，并把它作为陈述的某种"派生"意义的性质，是研究说谎者悖论的正确决定。正像我们将要看到的那样，这种决定迫使我们面对前述关于**真**的那些困难问题，而不是以一种特设（ad hoc）方式来回避该悖论。无论如何，这些考虑是我们在此研究中选择命题作为基本语义对象的主要原因。

当然，一旦做出这个决定，我们就立刻面临着三项棘手工作。第一，我们必须阐释命题的本性，至少足以说明一个命题何时是真的。第二，我们必须阐释命题的真。第三，我们必须阐释语句与其表达的命题的关系。

我们实际上将分两次来处理这些工作。我们将发展和比较两种不同的互相竞争的命题阐释，一种源于罗素（Bertrand Russell），另一种则源于奥斯汀（John L. Austin）。每种都有它自己对于**真**以及对于语句与其表达的命题之间关系的阐释。结果将是，在罗素分析下，说谎者**句**（λ）确实表达唯一的命题 f，我们称之为说谎者**命题**（the Liar proposition）。

(λ) 本命题不是真的（This proposition is not true）。

然而,在奥斯汀分析下,(λ)可以被用来表达很多不同命题。

一旦我们承认命题,并且把**真**视为命题可以具有或不具有的真正性质,那么我们就必须抛弃任何像真之冗余论那样的东西。如果"(∗)"指称上述标注的那个语句,那么无可否认,(∗)与(∗′)就具有一种非常紧密的联系。

(∗′)　(∗)表达的命题是真的。

特别地,(∗)和(∗′)做出的断言看起来两者中没有一方是真的,除非对方是真。而且,它们是具有重要差异的断言。因为这里的主题存在一种明显变化:一个是关于地球的断言,而另一个则是关于命题的断言。

13

直觉上,上述两个语句之间的这种密切联系是"真"的意义的一种推论,并且密切联系于塔斯基的著名的 T-模式(T-schema)。当**真**被视为命题的一种性质而不是语句的一种性质时,T-模式大概呈现为如下形式:

(T) 命题……是真的,当且仅当,……

这里两处出现的"……"可以填上表达一个命题的任何语句,只要它在两处都表达相同的命题。结果,按照我们考虑的这两种阐释,严格对应于这种模式的语句都是有效的,虽然一种相关模式在罗素解决方案中必须被放弃。

在我们转向说谎者悖论涉及的其他机制之前,应当注意,我们把**真**处理为命题的性质而不是语句或陈述的性质有一个重要后果。语句或陈述可能不表达命题,因而没有真值。这就是说,一个语句或陈述可能**不是**真的,但这不是因为它对此世界做出一个假的断言。对比之下,对于一个命题是假的,除了不是真的,它还会意味什么是不清楚的。因为一旦人们达成该命题,即一个关于此世界的真正断言,那么看起来只存在两种可能:该断言要么是正确的,要么不是正确的。因而,**假**看起来无非就是不真。①

  显然，这个后果对于说谎者悖论的任何解决方案都具有重要的影响。迄今为止，该悖论的大多数解决方案都是处理语句，很多还用到"真值间隙"或"第三值"概念。这些阐释宣称，说谎者句既不是真的，也不是假的。但是，在我们看来，给说谎者句指派真值间隙，就等于说由于间隙无关乎命题，所以它不表达命题。因此，如果一个人如此选择，那么他就要说明这样的语句**为什么**不能表达命题。这是诉诸间隙的大多数阐释的一种主要缺陷：对于说谎者句不表达一个要么真要么不真的断言，它们没有提供相应的说明。相比于导致悖论的假定，说谎者句的这种所谓特征肯定需要更充分的说明，而它根本没有被说明。类似地，正像克里普克强调的那样，简单地断定说谎者句不能表达命题是由于它的"恶性循环"，也没有给出说明，因为很多完全可接受的断言都涉及类似的循环。

  利用间隙或者第三值进行阐释的这种缺陷，通常会以所谓的**强化**说谎者悖论的形式重新呈现出来。如果我们不说明一个说谎者句，例如，

    (λ_S) 本语句是假的，

为何不能表达一个真正的断言，而只是简单地给它指派间隙，那么就不能阻止它稍加伪装而又重新引进该悖论：

    (λ'_S) 本语句要么是假的，要么是有"间隙"的。

如果我们对于(λ_S)为何不表达命题有一个令人信服的阐释，那么同一

---

  ① 我们在本书中不处理时间和时态问题，因而无需考虑关于未来的命题，例如，命题"2025年前将爆发一场核战争"。如果必须考虑它们，我们可以说这样的断言要么是真的，要么不是真的，但需要注意现在还不能确定哪种情况属实。或许，只有在2025年，人们回过头来才能知道该命题是否为真，以及从现在到那时这段时间，哪些事件影响该命题的真或假。但是，我们认为，这不是我们必须接受的一种立场。我们只是简单地把它视为正确的。

阐释大概也适用于(λ'_S)；就此而言，甚至还适用于如下语句：

　　(λ''_S) 本语句要么是假的，要么根本不表达任何断言。

然而，在缺乏这样一种阐释的情况下，这样的语句，诸如后面两个语句，看起来直觉上都能表达完全可理解的断言。但是，它们都是悖论性的，即使我们承认最初的"解决方案"适用于(λ_S)。

　　说谎者悖论能够以强化说谎者悖论的形式而重新引进，这个事实足以表明阐释在这一点上是不够精确的。于是，对于明确地引进命题和简单地坚持命题要么真要么不真而言，我们就找到一个终极原因。这样，我们就迫使自己来直面说谎者句是否做出真正断言的问题。如果我们认为它们不做出真正的断言，那么我们就迫使自己要准确地说明为什么应当如此。因此，虽然它确实迫使我们直率地处理任何"间隙"假定，但它没有限制我们的选择。

二、指称命题

15

　　真首先出现，因为如果人们要说诸如"……是真的"，就必须指称真值载体。一旦我们将真值载体固定为命题，下一个问题就是，一个人可以指称什么命题？我们的答案可能是最简单的一种：你可以指称任何命题。更一般地讲，看起来没有任何特殊理由去怀疑一个人完全可以利用某个代词或者通过命名来指称任何东西，至少在那个东西可以被描述、被指着或者被以其他方式突显出来时。命题在这方面与其他任何事物相同。

　　当然，这没有告诉人们存在什么命题去指称。特别地，它没有回答是否存在类说谎者句(Liar-like sentences)表达的那类循环命题。有些语句，诸如前文探讨的克里普克的例句，以及"本命题用少于十二个英语单词是可表达的"(This proposition is expressible in English using fewer than twelve words)，看起来表明，循环命题或者指称它们自身表达的命题的语句，原则上是没有错误的。这不表明说谎者句本身表达一个命题，但这确实拒斥任何简单粗暴地禁止循环和禁止直接或间接地关于它们自身的命题。我们在这个问题上采取最自由的立场，并因而把一个人总是可以运用短语"本命题"去指称某个事物的假定，以及该事物就是用套嵌句（embedding sentence）表达的命题的假定，都嵌入我们的两个模型。因此，如果说谎者句不表达命题，那么其原因不在于一般禁止自指或循环。①

只要我们决定人们完全可以指称任何命题，我们就还必须决定指称的各种各样的语言机制。在本书中，我们将追随传统，把名称处理为具有唯一性的指称表达式。也就是说，相较于事实，我们将假定一个名称，比如"麦克斯"指称一个唯一的个体。这种反事实假定无害于我们的说谎者悖论研究，因为我们将不使用一个名称来指称说谎者命题。② 当然，我们将使用指示词，诸如"本命题"和"彼命题"（that proposition）。因此，我们应当谈谈它们如何指称。对于"本命题"，我们将按照语义自反来对待它，也就是说，它是一个语句的一部分，但它总是指称该语句表达的命题。这是日常英语的一种稍微整编，其中的"本命题"仍然可以指示地使用，以指称手边的其他某个命题。因此，例如，如果我们正在系里举行会议，讨论一个修改研究生必要条件的提案，那么一个人可能说："本议题（this proposition）将在三个方面促进这项规划。"这里无意用"本命题"（this proposition）去指称说者表达的命题，而用以指称当时所讲的那个命题。我们下面将回到这一点。至于"彼命题"，我们假定，它完全可以用来指称任何命题。

在奥斯汀阐释（Austinian account）中，我们将看到，还存在另一种

---

① 我们喜欢的术语是"循环"（circularity）而不是"自指"（self-reference），因为指称是说者的行为，因此自指行为的对象应当是说者，而不是语句、陈述或命题。这一点往往只是事物的一方面。另一方面，由于语句在语形上都是良基的，所以它们包含它们自身为真部分，而说谎者悖论的那些传统语句处理方案却把自指当作争论的现象。

② 然而，需要注意的是，这种反事实假定肯定影响任何处理语句的悖论解决方案和运用语句的名称的悖论解决方案，例如：

(μ) μ 不是真的。

指称方式,因为该理论假定陈述总是以隐含指称某个实际情境(actual situation)而做出的。因此,这里出现的问题是,一个人言说的是关于哪个情境的东西呢? 最自由的回答,因而一开始就最吸引人的回答,也是最简单的回答:你可以言说关于任何实际情境的东西。我们将从这种假定出发,但我们将寻找理由以支持它是最自由的。的确,我们提出限制实际情境,以使一位说者可以合法地进行指称而不被斥责为诡辩。

三、否定和否认

我们最后来考察否定(negation)。有些学语言的人指责逻辑学家忽视否定与否认(denial)之间的一种重要差异。这样的差异存在某种直觉上的支持。一个断定,即使包含否定因素,也是关于此世界的断言,而否认在直觉上则是拒斥某个已经提出的断言。因而,否认预设着把被否认的命题突显出来。

17

我们来区分动词短语否定与语句否定。动词短语否定涉及它之内的否定因素,就像在动词短语"没有黑桃幺"(doesn't have the ace of spades)中那样,而语句否定在语句中则以"并非……"(It is not the case that ...)的表达来开始。在其他东西都一样的情况下,动词短语否定比语句否定更适用于断定一个否定的断言。对比而言,否认则可能更适宜于用语句否定来表达,即把相关命题突显出来的语句,诸如"事实并非如此"(That's not the case)或"那不是真的"(That's not true),等等。

遗憾地,语形结构不能独立确定一句话是断定还是否认的问题。例如,在适当的言说语调下,包括动词短语否定的语句就可以像包括语句否定的语句那样具有相同的预设。因而,包含否定动词短语的语句可以具有两种运用方式:断定一个命题,或者否认某个预设的命题。

在理解说谎者命题的语义中,这种语用歧义是否重要还有待观察,但又一次，只要可能，我们就应当铭记断定行为与否认行为之间的这种差异。因为在极端情况下，比如涉及说谎者命题的情况，这种微妙之处就可能显露出重要性。传统逻辑仅注重语句否定，对于区分这些不同种类的行动却没有提出什么机制。

在本书大部分中，我们将集中关注断定。特别地，正像我们把语句

这张梅花幺不是红的。

主要解释为断定那样，我们也把像

命题 p 不是真的。

那样的语句主要解释为**断定**一个关于 p 的命题，即命题 p 不是真的，而不是解释为命题 p 或者命题 p 为真的一个否认。特别地，我们将把说谎者句处理为关于其自身的一个断定，即说谎者句不为真的断定。然而，对于我们的两种命题分析，断定与否认的区分将以不同的方式起着重要作用。在第 12 章中，我们将探讨断定与否认之间的歧义是如何在说谎者悖论中扮演重要作用的。①

我们在前文看到，T-模式刻画了命题 p 与命题 p 为真之间的直觉关系。我们期望在 p 与命题 p 不为真之间得到一种双重关系，即：

(F) 命题……不是真的，当且仅当，¬……

在这里，第一次出现的"……"将被替换为表达命题的一个语句。但是，"¬……"呢？它是应当被替换为断定该否定命题的一个语句，还是应当被解释为一个内嵌否认（embedded denial）呢？结果将表明，它们是非常不同的情况。

---

① 另一个对否认在该悖论中的作用的探讨，请参见 Terry Parsons (1984)。

第 4 节　本书规划

在论证说谎者句的命题版本预断较少潜在重要问题后，现在就可以更详细地描述我们将采取的分析方法了。在最宽泛的意义上，我们的方法是标准的模型论方法：我们运用集合论来建模语句、命题和世界（worlds），以及它们之间各种各样的关系。我们必须阐释的最基本的关系是：第一，语句与其表达的命题之间的关系；第二，命题、性质"真"与此世界（the world）之间的三元关系。然而，在细节上，我们的方法在很多方面都不同于传统的解决方案。

或许，最引人注目的不同是我们所用的集合论。由于我们关心的语义现象涉及各种各样的循环，而标准集合论则假定基础公理，排除了这些现象的最自然的建模方式，所以标准集合论都相当笨拙。正是因为如此，我们转而运用一种优良的替代品，它归功于皮特·阿泽尔。在该理论中，基础公理被"反基础"公理（"anti-foundation" axiom，被称作 AFA）所取代。反基础公理以对于集合的"累积"概念的一种极其直观的替代为基础，它保证存在一个丰富的循环对象类（class）来建模相关循环现象。我们在第 3 章为该理论提供一个自足的介绍。

如前所述，我们将提出两种不同的阐释，一种基于语言与此世界之间关系的相当平常的罗素观念，另一种则基于奥斯汀观念。在这两种阐释中，命题都被视作主要的真值载体。这两种阐释的不同之处在于它们对于命题本性、语句可以用来表达命题的机制和真的本性的观点。我们在这两种阐释中都没有利用最著名的"可能世界"技术来建模命

19

题,那里的命题被建模为一阶结构的一个索引集(indexed set)的子集(subsets)。① 在我们的两种方案中,我们都使用了有结构的集合论对象,它们是一个命题做出的一个断言的编码,而该断言则表达该命题。这些集合论表达式的具体结构不意味着命题本身就具有同样的或类似的结构,或者甚至根本不意味它们必然是有结构的对象。倒不如说,这种结构是为了我们便于刻画前面提到的两种基本关系的特征。

我们同时提出两种模型,即在第 II 篇中提出罗素阐释(Russellian account)和在第 III 篇中提出奥斯汀阐释(Austinian account),我们尽可能好地阐述每种模型。最终,我们论证,奥斯汀解决方案提供了更为优越的阐释,它实际上保留了我们关于**真**和**此世界**的所有前理论直觉,而且同时还更准确地反映了语言的极大灵活性。但是,罗素阐释不是仅仅被作为衬托而呈现的,因为从奥斯汀观念上来看,我们从罗素阐释中学到的东西具有更深刻的意义。的确,在某种意义上,罗素阐释可以嵌入奥斯汀架构。这样做既可以阐明这两种阐释,又可以突出导致悖论的语言的前理论直觉。这两种阐释的关系在第 11 章中,以及在结语中,有详细的探讨。

第 5 节　类说谎者悖论清单

前文已述,说谎者悖论的真正诊断应当对大量相关现象提出说明。

---

① 我们有几个原因来回避可能世界方案,但主要是因为它预断说谎者悖论迫使我们重新考虑的很多关键问题。特别地,该方案不是平权地处理命题的**真**与其他性质,而是将**真**归结于所论及的命题中的"实际世界"(actual world)的元素资格。这就难以明显地区分命题 p 与命题 p 是真的,或者 p 的否定与命题 p 是假的,如果不是不可能的话。命题的这种表征的"粗糙性"还引起其他问题:按照这种方案,逻辑等价的命题是由相同集合表征的。鉴于与此相关的一些原因,就无法证明一个命题是关于何者的,并因而无法证明哪些命题是循环的,即关于它们本身的。最后,正如在第 II 篇中将会变得清晰那样,可能世界方案背后的直观的命题观念,在相关方面类似于罗素命题观念,实际上与假定世界都是总世界,即假定它们决定所有问题,是相抵触的。

在本节中,我们收集了悖论命题以及虽然不是悖论性的但明显相关的命题的一些例子。

说谎者(The Liar):我们的架构允许我们考虑语句与其可表达的各种命题之间的关系,尤其是说谎者句

　　(λ) 本命题不是真的。

与其可表达的命题(如果有的话)之间的关系。

为了正式,我们浏览一下表明(λ)之悖论性的直觉推理。

(1) (λ)看起来显然可以用来表达关于任何命题 p 的一个命题,即 p 不为真的命题,我们可以成功地利用表达式"本命题"来指称命题 p。

(2) 因而,(λ)可以用来表达关于它自身的命题,称之为 f,即 f 不为真的命题,这看起来是可信的。

(3) 假如 f 是真的,那么它的断言就本必定是事实[①],所以 f 不是真的。因此,f 不能是真的。

(4) 但是,如果 f 不是真的,那么 f 断言的情况实际上就是事实。因此,f 必定是真的。这是一个矛盾。

乍看之下,(2)似乎确实是这个推理中的最弱的一环,悖论的很多解决方案都是在这点上而展开的。例如,正像塔斯基所坚持的严格的语言-元语言层次那样,罗素禁止"恶性循环"所走的就是这条线路。很多人都认识到,这些解决方案的问题是,它们还排除了完全可理解的和没有问题的命题,比如上述命题(λ)。

我们已经讲过,我们的一般方法论考虑使我们回避这样的特设限

21

----

① 由于虚拟条件句的汉语语法不够明显,至少没有它们的英语语法明显,尤其是在时态上,所以为了便于读者区别和理解,虚拟条件句被统译为"假如……那么……本……"格式,直陈条件句被统译为"如果(只要)……那么……"格式,而条件句嵌套的子虚拟条件句和子直陈条件句,如果有的话,则分别被译为"假若……则……本……"和"如若……则……"格式。此外,非条件句的虚拟句被统译为"……本……"格式。——译注

制，当然除非它们结果不是特设的，即除非指称与命题之间关系的细致分析能够表明该限制是相关的普遍机制的一种结论。乍一看，这似乎只能是假的，因为存在很多关于自身的非悖论命题，既有真的也有假的。的确，在我们提出的每种模型中，都存在可由(λ)表达的关于它们自身的合法命题(legitimate proposition)。因此，我们必须从其他方面寻求解决这个问题。

上述推理密切相关于 T-模式。运用于说谎者句，T-模式就生发出来：

> 命题(本命题不是真的)是真的，当且仅当，(本命题不是真的)。①

但是，这本身不是一个真正的矛盾。为得到一个矛盾，我们需要在上面的例子中用"命题(本命题不是真的)"来替换"本命题"的第二次出现。由这种替换得：

> 命题(本命题不是真的)是真的，当且仅当，命题(本命题不是真的)不是真的。

该替换由(2)而得到辩护。当然，上面确实是一个真正的矛盾。"只有"方向对应于我们的第(3)步推理，"如果"方向则对应于第(4)步推理。

言真者(The Truth-teller)：言真者命题密切相关于说谎者命题，该命题断言它自身是真的。它可以由下面的语句来表达：

> (τ) 本命题是真的。

这里的基本直觉是，(τ)表达的命题不是悖论性的，它的真值"触手可及"。也就是说，人们似乎既能够假定它是真的也能够假定它是假的而不导致任何矛盾，并且完全独立于任何"令人不快的"非语义事实。

---

① 运用圆括号的目的是为了标明"本命题(this)"指称圆括号内的语句表达的命题，而非某个更大的语句表达的命题。在我们后面引进的形式语言 ∠ 中，圆括号如常使用，它的这项特别功能将由辖域符"↓"来承担。

　　说谎者循环（Liar Cycles）：另一种例子是所谓的说谎者循环命题，它兼有说谎者命题和言真者命题的特征。我们可以想象几个人 A_1，A_2，$\cdots$，A_n 和 B，他们每人的断言都是关于下一个人的断言，而最后 B 的断言是关于第一个人的断言。

　　　　（α_1）α_2 表达的命题是真的。

　　　　（α_2）α_3 表达的命题是真的。

　　　　……

　　　　（α_n）β 表达的命题是真的。

　　　　（β）α_1 表达的命题是假的。

　　每个（α_i）都断言下一个语句表达的命题是真的，而 β 却断言（α_1）的断言是假的。又一次，正像在说谎者命题中的情况那样，看起来没有真值指派与这些断言是相容的。

　　偶然说谎者（Contingent Liars）：请考虑偶然说谎者命题的如下例子：

　　　　（γ）麦克斯有梅花三，并且本命题①是假的。

又一次，如果麦克斯手里没有梅花三，那么这个命题看起来就是假的。然而，如果麦克斯手里确实有梅花三，那么该命题就成为悖论性的，或者说它看起来是如此。

　　偶然说谎者循环（Contingent Liar Cycles）：前面讨论的克里普克的例子（1.1）和（1.2）兼具说谎者循环命题和偶然说谎者命题的特征，下列则给出相同现象的一种更为简单的版本。令尼克松断定（α_1）和（α_2），而琼斯则断定（β）。

　　　　（α_1）麦克斯有梅花三。

　　　　（α_2）β 表达的命题是真的。

---

　　①　在这里，本命题是指整个命题（γ）。请参见本章的练习 3，以及第 2 章的第 3 节。——译注

(β) α_1 和 α_2 表达的命题至少一个是假的。

同样，如果麦克斯没有梅花三，这里就没有问题。尼克松两次都错了，而琼斯则是对的。但是，如果麦克斯确实有梅花三，那么(α_2)和(β)表达的命题就不存在相容的真值指派方式。

勒伯悖论（Löb's Paradox）：勒伯悖论密切相关于偶然说谎者悖论。[①] 请考虑下述语句。

(δ) 如果本命题是真的，那么麦克斯有梅花三。

这个例子看起来允许你仅仅运用分离规则和已知条件句就可以证明麦克斯有梅花三，其论证如下。假定(δ)的前件是真的，即(δ)表达的命题的前件是真的。但是，这样我们就得到(δ)表达的命题和其前件。在这种情况下，由分离规则得，麦克斯有梅花三。因而，我们就证明，如果(δ)的前件是真的，那么麦克斯有梅花三，并且根据已知条件句，我们确定(δ)是真的。再一次运用分离规则，我们就得到，麦克斯有梅花三。

古普塔疑难（Gupta's Puzzle）：请接着考虑下一个例子，它来自安尼尔·古普塔（Anil Gupta），[②]是一种有趣的循环。想象有两个人，R 和 P。对于克莱尔与麦克斯之间的扑克游戏，其中克莱尔有梅花幺，R 和 P 做出如下断言[因此，R 做出的第一个断言(ρ_1)是假的，而 P 做出的第一个断言(π_1)则是真的]。

R 的断言：

(ρ_1) 麦克斯有梅花幺。

(ρ_2) P 的所有断言都是真的。

(ρ_3) P 的断言至少一个是假的。

P 的断言：

---

① 我们非常感谢达格·韦斯特斯托尔让我们注意到这个迷人的例子。它于证明论中的勒伯定理（Löb's Theorem）密切相关，该定理表明，"断定其自身可证"的算术句是可证的。关于这两者的讨论，请参见 Boolos and Jeffrey (1980)，p. 186。

② Gupta (1982)，example (3) in part Ⅳ。

（π_1）克莱尔有梅花么。

（π_2）R 的断言至多一个是真的。

古普塔指出，人们自然地以下述方式而对这个事例进行推理。我们首先注意到，（ρ_2）和（ρ_3）是相互矛盾的，因此这两个断言至多一个可以是真的。鉴于由（ρ_1）而做出的断言是假的，所以由（π_2）而做出的断言就必定是真的。因此，（ρ_2）表达的命题是真的，而（ρ_3）表达的命题则不是真的。

古普塔引进这个循环的非悖论事例，把它作为克里普克的说谎者悖论解决方案的一个反例。克里普克的"最小固定点"（least fixed point）阐释使这个简单的推理变得无效，虽然它看起来是完全合法的。[①] 我们将在第5章更详细地讨论克里普克的解决方案。我们在这里列出这个例子，是因为很多阐释在这个推理上都失败了，这使它成为任何竞争方案的一颗重要的验金石。

强化说谎者（Strengthened Liar）：对于最后一个例子，我们再次回到说谎者命题。不过这一次是考虑两个人，其中一个人断定说谎者命题，而另一个人，一位逻辑学家，则对第一个人表达的命题进行评论：

（λ_1）本命题不是真的。

（λ_2）彼命题不是真的。

这里有趣的是，第二句断言不存在明显的循环。而且，由于（λ_1）表达的命题显然看起来不可能是真的，所以假定（λ_2）表达的命题肯定是真的，看起来就是合理的。但是，如果是那样，那么相同的推理不就证明说谎者命题本身是真的吗？如果我们能够回过头来认识到说谎者命

---

① 我们这里所谓的最小固定点（least fixed point）是由强克林赋值模式而产生的，克里普克对该赋值方式做出了极其详尽的探讨。克里普克没有承诺这种特别赋值模式，或者最小固定点。在强克林模式的极大固定点（maximal fixed points）上，语句具有适当的赋值。克里普克还观察到，存在使该推理有效的替代赋值模式，即使在相应的极小固定点（minimal fixed points）上也是如此。

题不可能是真的，那么同样的认识不恰好就是说谎者命题本身所表达的东西吗？我们已经注意到，这种两难折磨着说谎者悖论的很多解决方案，并确实导致很多人断言人们不能谈论说谎者命题的真。

练习 1   请考虑一个例子，"本命题是真的并且不是真的"。这里表达的命题是真的、假的、未知的，还是悖论性的？

练习 2   请考虑一个例子，"本命题是真的或者不是真的"。这里表达的命题是真的、假的、未知的，还是悖论性的？对比它与"说谎者句是真的或者不是真的"表达的命题。

练习 3   请考虑两个例子，"麦克斯有或没有梅花三，或者本命题整个是假的"和"麦克斯既有又没有梅花三，或者本命题整个是假的"。它们看起来是真的、假的、未知的，还是悖论性的？

练习 4   对比说谎者命题与"言真者句是假的"表达的命题。表明后者表达的命题的真值是未知的，因此它必定是一个不同于说谎者命题的命题。

第 2 章　语句、陈述与命题

我们在前一章中论证,为了尽可能少地预断问题,我们应当把**真**处理为命题的一种性质,并且仅处理为陈述或语句的一种派生性质,而命题则被视为关于此世界的客观断言。为了建模命题,我们必须深入研究命题的本性,以及语句、陈述与其表达的命题之间的关系问题。我们将探讨两种不同的观念:一种观念是相当正统的,我们称之为罗素观念,另一种观念是归功于奥斯汀的不太为人熟悉的阐释。

第 1 节　罗素命题

在我们将要考察的这两种观念中,罗素观念比较简单和素朴。虽称之为"素朴",但我们并不是贬低它;在其他条件相同的情况下,素朴是有利于它的一个支点。按照罗素观念,语句被用来表达命题,对此世界做出断言,并且仅当此世界呈现所断言的状态时,这些断言才是真的。这些命题被认为是含有构成要素的,其中构成要素对应于这些断言的题材。例如,语句"克莱尔有红心幺"被用来做出一个陈述,该陈述表达一个关于克莱尔、红心幺和关系"有"的命题。如果构成此世界的事实包括克莱尔有红心幺，那么这个断言就是真的。① 在最简单的可能情况下，一个罗素命题（Russellian proposition）以一个对象和一种性质为构成要素，并构成该对象具有该性质的断言。该命题是真的，仅当该对象具有该性质是一个事实。特别地，一个命题以某个命题 p 和这种或那种相应的性质为构成要素，比如是真的、有趣的或者在英语中至多用十个单词就可表达的，而命题 p 则以某种性质为构成要素。该命题是真的，仅当此世界是该命题具有那种性质的世界。

我们所称的罗素命题（或奥斯汀命题），并不是要对罗素（或奥斯汀）做出一种实质的历史断言。确实，断言罗素持有任何**单一的**命题观念都是有欠考虑的。真假命题的本性问题，是罗素为之奋斗终生的一种问题。他的理论受到悖论的推动，受到真命题由事实而为真的观点的推动，并且受到肯定不存在"假事实"而使假命题为假的观点的推动。的确，罗素通常把真命题等同于使之为真的事实，并因此发现难以给假命题一种阐释。

我们对于罗素命题的处理方法是，以适当构造的集合论对象来建模罗素命题和事实。我们将定义一种基本关系，即一个事实集与这些事实使之为真的罗素命题之间的关系。因而，一个罗素命题是真的，仅当存在一个使该命题为真的事实集；该命题是假的，仅当不存在这样的事实集。我们的模型将承认关于其自身的断言的命题，并因而承认以其自身为构成要素的命题，以及相互循环的命题的汇集（collections）。从这方面讲，我们的模型是罗素本人的观点的一种自由化（liberalization），而他的观点简单地禁止这种"恶性循环"。

在建模这种命题观念中，我们将采用最简明的技术来处理一个命题做出的断言。因此，例如，命题"克莱尔有红心幺"将被表征为一个集合论对象，该集合论对象包含三个对象为构成要素：克莱尔、红心幺和

---

① 假如我们在本书中不忽略时间和时态问题，那么这个罗素命题也本会具有某个特定时间作为一个要素，该时间是由陈述的语境而决定的。

关系"有"。该命题的集合论表达式还需要某种东西来表示它表征一个命题，并把它区别于否定命题"克莱尔**没有**红心么"的表达式。例如，我们可以使用五元组〈*Prop*，Having，Claire，$A\heartsuit$，1〉，其中 Prop 是某个特定的原子命题，数字 1 则表示该命题是肯定的。为了不让无关的细节处理纠缠读者，我们将只把该表达式记作[Claire $H\,A\heartsuit$]，并且把否定命题的表达式即五元组〈*Prop*，Having，Claire，$A\heartsuit$，0〉记作$\overline{[\text{Claire }H\,A\heartsuit]}$。

虽然我们在阐述罗素命题观念中强调命题包含它们的题材为构成要素，但罗素观点的这种细节特征对于我们处理说谎者悖论而言是无关紧要的。重要的是，一个命题的真是由此世界作为一个整体而决定的。在这个重要方面，罗素观念契合很多其他命题观念，包括在可能世界语义学中体现出来的观念。的确，我们同样可以把我们的集合论表达式视作根本没有任何构成要素的命题观念的命题，或者它们的构成要素是其他东西而不是它们的直观题材。我们在本书第 II 篇得到的寓意可以同等地运用于其他观念。

第 2 节　奥斯汀陈述与命题

在他的著名论文《真》（*Truth*）[①]中，奥斯汀对于**真**的性质提出一种引人注目的原创观点。按照他的观点，说者可以利用语句来做各种各样的事情，包括做出陈述。按照奥斯汀，一个合法陈述 A 提供两种东西，即一个历史（或实际）情境 s_A 和一种情境类型 T_A。前者仅仅是现实世界（the real world）的某个有限部分，该说者利用奥斯汀所谓的"指示规约"（demonstrative conventions）来指称它。后者，粗略地说，就是一种情境性质，即根据有关于该语言的"描述规约"（descriptive

---

29 conventions)而由该陈述决定的一种性质。如果 s_A 属于类型 T_A，那么陈述 A 是真的；否则，A 就是假的。

请考虑一个简单的例子。如果语句"克莱尔有红心幺"被用于描述一位特定的扑克玩家，那么按照奥斯汀观念，该说者就做出一个断言，即相关情境属于克莱尔有红心幺的类型。请注意，仅仅由于克莱尔不在场，这样的断言就可以不是真的，即使克莱尔在城镇另一端的一场扑克游戏上有红心幺。相反，按照罗素观念，该断言是真的。

奥斯汀不使用术语"命题"，看来他的阐释的思想精神把我们所谓的由 A 表达的**奥斯汀命题**等同于 s_A 属于类型 T_A 的断言，并由这样一个命题的两个成分，即被指称的情境和被断言的情境类型，来个体化该命题。我们把第一个成分称为该命题的关于情境(the situation is the proposition is about)，即 About(p)，把第二个成分称为该命题的要素类型(constituent type)，即 Type(p)。在我们的两种阐释的第二种阐释中，我们将为奥斯汀命题提出一种简单的集合论模型，并且表明在该模型中，每个奥斯汀命题，包括说谎者句(λ)表达的命题，要么是真的要么是假的(但不是同时既真又假)。

从罗素观念转向奥斯汀观念，在我们的陈述和命题的观念中，涉及一种重要转变。最明显的变化是，按照奥斯汀观念，所有命题都包含一个由附带语境而决定的特征，即命题的关于情境。当然，罗素观念承认该陈述的语境因素在从该语句得到该命题的过程中具有重要作用，尤其是当该语句涉及像"我""你(们)""现在"和"那"那样的索引因素时。然而，按照奥斯汀观念，做出某个陈述这个行为总是带来另一个特征，该特征无关乎该语句的任何明确的索引因素。

如果奥斯汀命题都是关于情境的，那么它们是如何关于其他事物的呢(像克莱尔和麦克斯，或者像陈述和命题)？以及它们是如何关于

它们自身的呢?[①] 奥斯汀没有直接阐述这个问题,但看起来可以说,一 30
个奥斯汀命题关于某事物(比如麦克斯)的方式有两种,一种有关于指
示规约,另一种则有关于描述规约。

　　指示规约要求一个陈述是关于某个情境的陈述,而情境则都是此
世界的部分。就事物具有构成要素而言,事物实际上都有性质,并处于
在这些情境中的关系之中。我们将以事实的一个汇集来建模此世界,
而以多元组 $\langle R, a_1, \cdots, a_n, i \rangle$ 来建模事实,该多元组包括一个 n 元关系
(对于某个 n 而言),n 个对象和一个极值(polarity)$i \in \{1, 0\}$,其中
$i=1$ 表征关系"有",$i=0$ 表征关系"没有"。由于情境都是此世界的部
分,所以我们将利用所有事实的汇集的子集来建模情境。a_i 都是事实
的构成要素,并因而还是包含该事实的任何情境的构成要素。当我们
(在奥斯汀的意义上)表达关于某个情境的一个命题时,其中麦克斯是
该情境的一个构成要素,那么在某个方面我们就做出一个关于麦克斯
的陈述。

　　描述规约给我们提供情境类型,这些情境类型很像罗素命题,它们
也可以包含对象为构成要素。例如,按照奥斯汀,语句"麦克斯有梅花
三"的一次使用是说,被描述情境(the described situation)属于麦克斯
有梅花三的类型。在这里,该陈述在直觉上是关于麦克斯的,这不是因
为该陈述的关于情境,而是因为麦克斯包含于由英语的描述规约而决
定的类型。如果该陈述是真的,那么麦克斯将必定还是该情境的一个
构成要素,所以该命题将在两个方面是关于麦克斯的。

　　因而,虽然我们把 About(p)定义为由 p 描述的情境,但除了情境
(situations),奥斯汀命题关于对象(objects)的方式有两种。因此,根据
这种观念来追问是否存在一个真正的说谎者命题,即一个关于其自身

---

　　① 它奥斯汀本人认为命题不能是关于其自身的,他的理由是,该陈述关涉的
情境不依赖于该陈述而存在。然而,这种限制看起来像罗素的恶性循环原理那样具
有特设性,并且是因为同样的理由。但是,我们将看到,奥斯汀似乎认为,这样还不
能阻止循环。

和断言其自身为假的命题，就是有意义的。当然，如果存在一个真正的说谎者命题，那么我们就必须追问该命题在奥斯汀分析下是真的还是假的。

第 3 节　一种形式语言

在建模罗素命题和奥斯汀命题之前，我们将定义一个简单的形式语言 $\mathcal{L}$，这样我们就可以利用它来阐明英语的某些本质特征，并有利于比较我们的这两种阐释。这种语言给我们提供的机制，允许我们指称各种各样的事物，包括命题，并且允许我们表达关于我们可以指称的事物的命题。特别地，它将允许我们表达在第 1 章中介绍的那些命题。我们决定省略量化，因为要得到**指称**、**真**、**否定**和产生说谎者悖论的语义机制的清晰的令人信服的阐释，已经够难啦。要事先办。

我们最后将为我们的语言给出两种语义解释：一种是利用罗素命题而给出的，另一种则是利用奥斯汀命题而给出的。我们设计的这种语言可以用来谈论包括克莱尔和麦克斯的扑克游戏，以及谈论关于该游戏的命题。我们还额外添加**相信**关系，这是在玩家与命题之间成立的一种关系，主要是为了增加多样性，以及除了容许涉及**真**的命题，还容许关于命题的一些简单陈述。

我们假定，我们的形式语言 $\mathcal{L}$ 具有下列基本材料。

◇ 常量符号：Claire，Max，2♣，3♣，…，K♠，A♠
◇ （命题）指示词：this，$that_1$，$that_2$，…
◇ 二元关系符：Has
◇ 二元关系符：Believes
◇ 一元关系符：True
◇ 逻辑联结词：∧，∨，¬
◇ 辖域标志符：↓

（页边：31）

原子公式有三种：

  ◇ 形如(a Has c)的原子公式，其中 a 是 Max 和 Claire 两
    个名称之一，而 c 则是一张扑克牌的名称。
  ◇ 形如(a Believes th)的原子公式，其中 th 是一个命题
    指示词。
  ◇ 形如 True(th)的原子公式。

$\mathcal{L}$-公式类是包含原子公式的最小汇集(the smallest collection)，并封闭   32
于下列公式规则：

  ◇ 如果 φ 和 ψ 都是公式，那么$(\varphi \wedge \psi)$，$(\varphi \vee \psi)$和$\neg \varphi$也都
    是公式；
  ◇ 如果 φ 是一个公式，那么$(True\ \varphi)$和$(a\ Believes\ \varphi)$也
    都是公式，其中 a 要么是 Claire 要么是 Max；①
  ◇ 如果 φ 是一个公式，那么$\downarrow \varphi$ 也是一个公式。

我们来说明一下辖域符号 $\downarrow$。当我们为 $\mathcal{L}$ 提供语义学时，我们将保证
"this"自动地指称由它出现于其中的那个语句表达的那个命题。因
而，当短语"this"被自反使用时，它将是我们的英语表达式"本命题"的
形式对等物。但是，即使在其自反用法中，该表达式也是有歧义的。歧
义的出现情况如下：

  (2.1) Max 有梅花三，或者本命题是真的。

我们认为，这里最自然的读法是"本命题"指称由整个(2.1)所表达
的命题的读法。然而，我们也可以想象它仅用来指称由第二个析取支
表达的那个命题，它在这种情况下被用来指称普通的言真者命题。这
两种读法给出相当不同的命题，它们具有不同的真值条件。在第一种
情况下，我们说，"this"的辖域是这整个语句；在第二种情况下，它的辖

---

① 在后文中，我们通常把这些形式的公式都称作原子公式，而把"非原子公式"
这个名称留给以 $\wedge$、$\vee$、$\neg$ 为主要联结词的语句。

域仅仅是第二个析取支。在我们的形式语言中，这两种读法可以无歧义地表示如下：

$$(2.2)\ (\textbf{Max Has 3♣}) \vee \text{True}(\textbf{this})$$

$$(2.3)\ (\textbf{Max Has 3♣}) \vee {\downarrow} \text{True}(\textbf{this})$$

因此，${\downarrow}\varphi$ 中的辖域符号 ${\downarrow}$ 表示在公式 φ 中"自由"出现（"loose" occurrences）的"**this**"指称 φ 表达的命题。如果像在（2.2）中那样没有辖域标志符，就是假定"**this**"指称这整个语句表达的命题。因而，（2.2）和（2.4）表达相同的命题。

33

$$(2.4)\ {\downarrow}\big[(\textbf{Max Has 3♣}) \vee \text{True}(\textbf{this})\big]$$

为了精确地表达所有这些东西，我们以明显的递归方式来定义一个公式，包含一个**自由**出现的 this；定义使用的关键短语是，this 在 **True**(**this**)和(**a Believes this**)中是自由的。例如，**this** 在 $(\varphi \wedge \psi)$ 中是自由的，仅当它至少在一个合取支中是自由的；但是，**this** 在 ${\downarrow}\varphi$ 中是不自由的。对于 $\mathscr{L}$ 的一个**语句**，我们的意思是指，没有 this 自由出现的一个公式。

我们通常省略最外层的辖域标志符"${\downarrow}$"。因而，当我们给出一个公式 φ 时，它不是一个语句而被称作一个语句，我们的意思是指封闭的 ${\downarrow}\varphi$。例如，假如我们称（2.2）为语句，那么我们真正的意思本是指语句（2.4）。这符合我们的规约，即在包括自由的 **this** 的公式中，该指示词应当指称由这整个公式表达的命题，而不是指称由它的某个真部分（proper part）表达的命题。我们还将偶尔地利用记号 $\varphi(\textbf{this}/\psi)$ 来表达以公式 ψ 替换公式 $\varphi(\textbf{this})$ 中的所有自由出现的 **this** 的结果。

关于辖域符号，我们再说最后一句。我们本可以明显地省略辖域符号，而总是选择（辖域符号在）最外层的那种可能解释。然而，有了辖域符号，语言的表达力显然就强多了。例如，如果没有辖域符号，就可能没有直接的方法来表达 $\neg {\downarrow}\text{True}(\textbf{this})$ 所表达的命题。但是，我们引进辖域符号的真正原因是，它可以使所得到的语言运行得更好，并因而与比较贫乏的语言相比，使证明后文的各种结果就容易得多。

练习 5 为前一章后面的练习中的英语句给出它们的 $\mathcal{L}$ 版本。哪些看起来是关键取决于辖域算子的？（当然，我们不能证明之，除非我们为 $\mathcal{L}$ 定义一种语义学。）

练习 6 说明由下列语句做出的断言有何不同。

(1) $\neg \downarrow \text{True}(\text{this})$

(2) $\downarrow \neg \text{True}(\text{this})$

哪个断言是悖论性的呢？两个都是吗？

第 3 章　超集的全域

第 1 节　集合论从 Z 到 A

　　在我们对说谎者悖论的两种分析中，我们严肃地对待一种直觉，即说谎者命题涉及真正的循环。由于我们准备以集合论对象来建模命题、情境和事实，所以就极其不便采用一种禁止循环或非良基对象的集合论架构。这种不便的根由是显然的。迄今为止，为建模关于某个给定对象的命题，最自然的方式就是运用某种集合论结构，包含该对象（或者其表达式）为构成要素，换言之，该对象出现于这种结构的遗传元素资格关系（hereditary membership relation）。但是，如果我们以基于策墨罗的累积层次的集合论来实施这种简明方案，那么我们就发现我们自己不经意间就排除了循环命题这种可能。因为关于另一个**命题**的命题模型将不得不包含前者的表达式为构成要素，并且对于一个循环命题，即直接或间接地关于它自己的命题，它的模型将不得不包含它自己为构成要素。但是，正则公理（axiom of regularity）或基础公理禁止集合作为自己的元素，或者一对集合互为对方的元素等，因而就阻止我们运用这种自然的命题建模技术。[①]

　　我们可以有很多方法在标准集合论中来回避这个问题，但它们会使我们纠缠于那些可想象的极其复杂问题，这些问题完全无关于当前的工作。当然，如果越来越糟，那么我们可以完全放弃集合论，不把它作为我们的可行理论。假如不存在策墨罗集合观念的融贯的替代理论，即承认循环的理论，我们本可能已经放弃它了。但是，皮特·阿泽尔最近发展出一种引人关注的集合的替代观念，并由此而构建出来一种适于我们的目的的相容的公理理论。阿泽尔的理论是基于策墨罗观念的极其自然的扩充，非常易于学习，而且一旦学会了，它还可以使我们把所有常见的集合论技术都运用于建模循环现象问题。我们本章用来介绍阿泽尔集合论，这将不但有助于读者把该理论运用于其他领域，而且有助于读者跟上本书的其余部分的细节。

　　为了理解阿泽尔观念所诉诸的直觉，我们先来重温普通集合的一种常见的刻画方法。例如，请考虑集合 $c_0 = \{a_0, b_0\}$，其中 $a_0 = \{$Claire, Max$\}$，$b_0 = \{a_0, Max\}$。该集合有很多种刻画方法，但一种自然而无歧义的刻画方法是图示 1 所示的加标图。在该图中，每个非终端节点都表征一个非空集合，该集合包含的对象由它下面的节点来表征。例如，该加标图的顶点表征集合 c_0，它的元素仅有集合 a_0 和 b_0，后面这两个集合则反过来用它们作为顶点而直接下邻的那些节点来表征。请注意，一个节点表征的集合不一定其本身**就是**这个节点；的确，我们在图示 1 中发现两个不同的节点都刻画唯一的集合 a_0，并因而都被标记为这个唯一的集合 a_0。在这个例子中，底层的那些节点表征 Max 和 Claire，它们都没有元素，因此它们下面都没有节点。当然，这种图的思想是，箭头表征逆元素资格关系：从节点 x 到节点 y 的箭头表示，y 表

---

　　① 基础公理断定这种元素资格关系是良基的，也就是说，集合的任何非空汇集 Y 都有一个元素 $y \in Y$，使得 y 不相交于 Y。这产生于"极低层级"的任意 $y \in Y$ 的叠代（iterative）概念，换言之，y 在累积层次中与 Y 的其他任何元素出现得一样早。这就排除了循环。例如，如果 $a \in a$，那么集合 $Y = \{a\}$ 就违反该假定。

征的集合(或原子)是 x 表征的集合的一个元素。

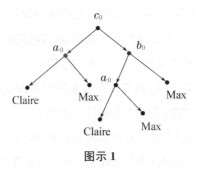

图示 1

注意，相同的集合很可能可以被刻画为很多种不同的图。例如，请考虑图示 2 所示的图。

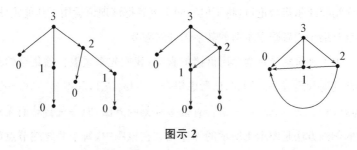

图示 2

这些图显然是不同的，因为它们具有不同的图论性质。例如，这三个图的节点数量是不同的，并且第一个图是一棵树，而其他的则不是。而且，正如我们以标记所表明的，它们刻画的是同一集合，即冯·诺依曼(von Neumann)序数 3。相似地，图示 3 给出的是上述第一个集合 c_0 的一种不同但更简约的刻画。对于我们的目的来说，这些图的不同不过是节点的相对简约而已：图示 3 比图示 1 少四个节点，但它给我们的是一个完全相同的集合的图景。

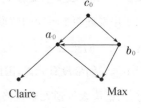

图示 3

根据同样的方式，任何集合都可以被刻画为一个图。作图的标准方法是，从意欲刻画的集合 a 开始，并且把它的所有"遗传"元素(元素，元素的元素，元素的元素的元素，如此等等)都视为图的节点；接着，从集合到其每个元素都画一条边；最后所得的图就会刻画该给定集合 a（在这种情况下，节点实际上**都是**所刻画的集合）。这种构建方法允许我们为任何集合做出标准的图。（注意，这不预设我们在累积观念下处理集合。集合在任何观念下都以这种方式而产生图。）

练习 7 做两个图来表征冯·诺依曼序数 4，把第一个图做成树形（以图示 2 的第 1 个图为模本），把第二个图做得尽可能简约（以图示 2 的第 2 个图为模本）。

阿泽尔的集合观念的直接直觉来源是：一个集合是事物的一个汇集，这些事物的（遗传）元素资格关系可以利用这种图而得到无歧义的刻画。这里的自由因素是，我们承认任何图，包括含有真循环（proper cycles）的图。当然，循环图不能在良基全域（wellfounded universe）内来刻画集合。[1] 因此，例如，在阿泽尔的全域中，存在集合 $\Omega = \{\Omega\}$，这仅仅是因为我们可以按照图示 4 所示的图 G_Ω 来刻画 Ω 上的元素资格关系。而且，按照阿泽尔的观念，这个图**无歧义地**刻画了一个集合；也就是说，只有一个集合以 G_Ω 作为它的图。因而，在阿泽尔的全域中，只有一个集合等同于其自身的"独子"。

$\Omega = \{\Omega\}$

图示 4

再如，我们考虑集合 $c = \{a, b\}$，其中 $a = \{\text{Claire, Max, } b\}$，$b = \{\text{Max}, a\}$。这个集合与我们的前述集合 c_0 之间的唯一不同是：b 是 a 的一个元素，而 b_0 则不是 a_0 的一个元素（按照累积观念，它也不能是）。为得到 c 的图，我们可以简单修改一下 c_0 的图，比如图示 3 给出的图。在这里，我们只需在从 a_0 的表征节点到 b_0 的表征节点之间增加一条边，得到的结果就是 c 的图，如图示 5 所示。

38

---

① 为了便于理解，假定我们有一个含有真循环的图。令 Y 是一个集合，包含由该循环中出现的节点所刻画的所有集合。那么显然，不存在 Y 的元素不相交于 Y，因而违反基础公理。

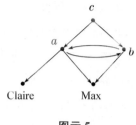

图示 5

　　我们按照阿泽尔的观念所得到的集合，包括在传统良基全域中的所有集合。但是，除此之外，我们还得到一类丰富的非良基集，我们有时将把它们称作**超集**。我们将看到，这些集合在很多方面都跟普通的良基集一样。但是，它们允许使用简明的建模技术，即使建模对象涉及循环。

第 2 节　AFA

　　我们来更详细地介绍阿泽尔的思想，并且明确地阐述其公理理论。实际上，我们阐述的是阿泽尔理论的一种变体，它承认像 Max 和 Claire 那样"原子"的一个汇集 A，而不仅仅是纯粹的集合。因而，除了正则公理被取代为其否定的强形式，称作 AFA，即阿泽尔的（带原子的）反基础公理，该理论包括 ZFC 集合论的所有常见的公理（以常见方式进行修改以承认原子）。

　　按照阿泽尔的观念，我们说，一个集合就是对象的任何汇集，这些对象的遗传元素资格关系可以由图来刻画。更准确地讲，像往常一样，一个**图** G 就是节点和有向边的一个集合（任何集合 X 都可以是节点的一个集合，X 上的有序对的任何集合 $R \subseteq X \times X$ 都可以用来表征图 G 的有向边。习惯上，$x \rightarrow y$ 用来表征该图包含一条从节点 x 到节点 y 的边）。如果存在一条边从节点 x 到节点 y，那么 y 就被称作 x 的一个**子**。无以生发箭头的节点被称作**无子的**。所以，例如，在图示 3 中有两个无子节点和三个"母"节点，即有子节点。但是，在图示 4 中只有一个节点,并且它是它自己的一个子。

　　一个**加标图**是给每个无子节点都"标上"对象 tag(x)的一个图,其中 tag(x)要么是一个原子,要么是空集。加标可以被视为一个过程,这不过是把原子或空集的名称写在每个无子节点旁边以表示它的表征对象的过程。更正式地讲,一个加标图就是一个图 G,它带有一个函数 tag,该函数把图 G 的无子节点都映射到 $A\cup\{\varnothing\}$(注意,如果图 G 没有无子节点,正像在图示 4 中那样,那么该完全没有被定义的函数就足以给这个图进行加标)。阿泽尔的基本思想是,一旦我们有了一个加标图,我们就可以用该图的节点和边来刻画集合和元素资格关系了。为了精确表述这种思想,我们为加标图引进一个"装饰"(decoration)概念。

　　加标图的一个**装饰**是一个函数 D,它被定义在该图的节点上,使得对于每个节点 x 而言,如果 x 是无子的,那么 $D(x)=$tag(x);如果 x 是有子的,那么

$$D(x)=\{D(y)\mid y \text{ 是 } x \text{ 的子}\}。$$

G 的每个有子节点 x,可以说都刻画集合 $D(x)$。因此,我们可以把一个图的装饰过程视为不过是连续给图加标的过程:我们在每个母节点旁边记上它刻画的集合的名称。实际上,我们就是以这种方式来装饰前述所有图的。

　　现在,AFA 可以相当简单地表述为:AFA 断定**每个加标图都有一个唯一的装饰**。显然,这个公理与策墨罗的观念相冲突,因为,图示 4 和图示 5 中的图不能以累积层次的集合来装饰;例如,为装饰图示 4 中的图,D 就必须给该唯一节点指派某个包含自身的集合。但是,在良基集中不存在这样的集合。

　　AFA 包括两个部分:存在性和唯一性。也就是说,AFA 所断定的那个部分是,每个加标图都有一个装饰。这保证我们考虑的所有集合的存在。然而,唯一性部分在运用中是同等重要的,它断定一个图至多有一个装饰。帮助我们识别非良基集的,就是公理的这个部分。

40

例如，请考虑集合 $a=\{\mathrm{Max},a\}$ 和 $b=\{\mathrm{Max},b\}$。那么，$a=b$ 吗？对于回答这个问题，普通的外延公理是无用的，因为它断定如果 a 与 b 具有相同的元素，那么 $a=b$，这意味着如果 $a=b$ 那么 $a=b$。然而，按照阿泽尔的观念，a 确实等于 b，因为刻画它们的图是相同的。为了详细理解，假定我们有一个加标图 G 和一个装饰 D，其中 D 把 a 指派给 G 的节点 x，即 $D(x)=a$。请考虑相似于 D 的装饰 D'，除了 $D'(x)=b$。仔细考虑便会发现，D' 必定也是 G 的装饰。但是，根据 AFA 的唯一性，我们必定有 $D=D'$，因而 $D(x)=D'(x)$，即 $a=b$。

因此，按照阿泽尔的观念，如果两个集合是不同的，那么它们之间必须存在一种真正的结构不同，这种不同阻止它们被刻画为相同的加标图。这在后文中是重要的，因为集合的同一条件产生我们下面构建的各种集合论模型的同一条件。

哪些图可以由良基集来装饰，这是非常容易看出的。如果对于图 G 的节点的每个非空子集 Y 而言，Y 中的某个节点在 Y 中是无子的，那么就称图 G 是**良基的**。在策墨罗的全域中，只有良基图才能有装饰；的确，断言非良基图都不能被装饰，仅仅是基础公理的一种重述而已。而且，莫斯托夫斯基塌陷引理（Mostowski's Collapsing Lemma）[1]告诉我们，**每个**良基加标图都在良基集全域中有一个唯一的装饰。因此，我们可以认为，阿泽尔的公理扩充了图与集合之间的这种自然关系，使之超出良基关系。

应当再次注意，在每种观念下，一个集合一般都可以被用很多不同的图来刻画。图示 2 展示的是一个良基集（即冯·诺依曼序数 3）的三种不同的图。相似地，图示 6 则给出非良基集 Ω 的几种额外的图。在该例子中，为了理解这些图每个都刻画 Ω，我们只需注意，所有的节点都**可以**由 Ω 来装饰，因而根据 AFA，该装饰**必定**是唯一的。

---

[1] 例如，可参见 Kunen (1980)，p. 105。

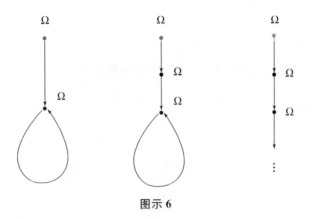

图示 6

虽然阿泽尔的观念非常不同于策墨罗的观念,但除了基础公理,ZFC 的所有普通的公理在这种观念下都是真的。这意味着我们可以运用所有那些熟悉的集合论运算(交、并、幂集、有序对,如此等等),而不用做出任何改变。仅当出现基础公理(正如我们在本章最后一节讨论的归纳定义一样)时,我们才需要重新考虑问题。

我们再来看一个例子,这次更有关于我们的目的。请考虑

(ε) 本命题不是用十个英语单词就可表达的(This proposition is not expressible in English using ten words),

以及它可以表达的各种各样的命题。我们用原子 E 来表征一个命题的一种性质,即该命题恰好是用十个英语单词可表达的。假定我们用三元组 $\langle E,p,1 \rangle$ 来建模具有性质 E 的命题 p,并且用三元组 $\langle E,p,0 \rangle$ 来建模不具有性质 E 的命题 p。[①] 回想,在集合论中,三元组 $\langle x,y,z \rangle$ 被视为序对的序对 $\langle x,\langle y,z \rangle \rangle$,一个有序对 $\langle y,z \rangle$ 被理解为集合 $\{\{y\},\{y,z\}\}$,而 0 则用空集来表征。于是,我们就可以看到,不具有 E 的命题 p 的模型的一个图,与 p 的一个图 G_p,在图示 7 中联系起来。

42

---

① 为了保持图的简单性,我们暂且不论第 2 章第 28 页引进的原子命题"Prop"。(此处页码指原书页码,请参照本书页边码,后文同。——译注)

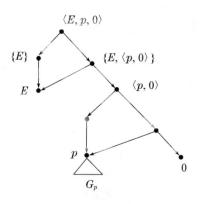

图示 7

当给予"本命题"以自反读法时，假设我们希望表征由(ε)表达的（直觉上错误的）循环命题。这就将有一个命题 q，它断言它自身不具有 E。也就是说，我们希望 $q=\langle E,q,0\rangle$。按照我们刚才所说，它足以成为图示 7 的一种特殊情况，其中图 G_p 是一个完整的图。这在图示 8 中被表现出来。因而，我们追寻的这个命题就由图示 8 中指派给顶点的集合来建模。在超集全域中，恰好存在这样一个集合。

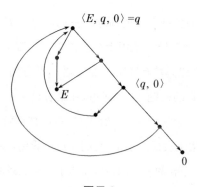

图示 8

练习 8 给图示 7 和图示 8 中的图的没有加标的节点加标。

练习 9 证明图示 9 中的所有图都刻画 Ω。

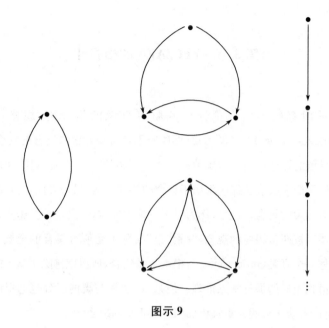

图示 9

练习 10 运用 AFA,证明存在一个唯一的集合 a 满足等式 $a=$ 43
$\{a,\varnothing\}$;证明 $a\neq\Omega$。

练习 11 证明图示 5 所示的图是非良基的。也就是说,找出该图的节点的一个非空集 Y,满足 Y 的每个元素在 Y 中都有一个子。

练习 12 如果对于一个图的每对边 $x\to y$ 和 $y\to x$ 而言,都存在一条边 $x\to z$,那么就称该图是传递的。相似地,如果集合 $c\in b\in a$ 蕴涵了 $c\in a$,那么就称集合 a 是传递的。证明一个集合是传递的,如果(而非只有)它可以用一个传递的图来刻画。

集合 a 的传递闭包(transitive closure)是包含 a 为一个子集的最小 44
传递集。假设一个图的某个节点 x 刻画集合 a。那么,证明 a 的传递闭包是出现在 x"下"的节点的所有装饰的集合。[对于"y 在 x 下",我们这里的意思是指,存在从 x 到 y 的一条箭头途径(a path of arrows)。]

第 3 节　ZFC/AFA 的相容性

早期有两类集合论悖论威胁着直观的集合论：规格悖论（paradoxes of size）和像罗素集（即所有不是自身元素的集合的集合 z）那样导致的那些悖论。策墨罗的观念一箭双雕。一方面，它给我们提供一种用概念去表达那些不属于集合的类的方法；另一方面，它排除以自身为元素的集合。但是，作为对于悖论的反应，后者这种措施实在没有必要。按照策墨罗的观念，罗素"集"实际上是所有集合的全域。由于它是一个真类（proper class），根本不是集合，所以就排除了从 z 的定义而得到矛盾的那种常见推理。但是，虽然集与类的区分是这里的关键，但这不禁止自我元素资格（self-membership）。

按照阿泽尔的观念，我们还要区分集合与类，只有这样才能既存在不包含它们自身的集合的一个真类，又存在包含它们自身的集合的一个真类（参见练习 14）。在这两种情况下，都不存在罗素集，而只存在一个罗素类。为了利用罗素的定义而得到集合，（集合不包含和包含它们自己的这两种模式的）综合模式就不容许 z 的早期定义：

$$z = \{x \mid x \notin x\},$$

而是要求我们引进该定义的一种参量（parametric）版本：

$$z_a = \{x \in a \mid x \notin x\}。$$

现在，该罗素论证不过是说，z_a 不在集合 a 中，无论 a 是不是良基的。可以说，集合 z_a 来自集合 a 的"对角线化"。

由于我们的研究领域是悖论，包括集合论悖论和语义悖论，所以显然重要的是，必须保证我们的元理论 ZFC/AFA 是相容的。阿泽尔已经阐明了这一点。[①] 实际上，他阐明得更多。利用 ZFC⁻（没有基础公

---

① 请参见 Aczel (1987)。

理的 ZFC)，阿泽尔阐明了如何把良基集的全
域典型地添入满足 ZFC/AFA 的全域，即我
们所谓的超集全域。我们把这个结果称为套
嵌定理(the Embedding Theorem)。由于该结
构产生一个 ZFC/AFA 模型，所以这就表明
该理论是相容的；当然，首先要假设 ZFC 是相
容的。但是，这也表明我们可以把超集全域
视为良基集合全域的一种数学扩充。因而，

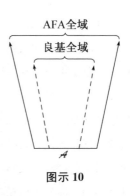

图示 10

我们可以像在图示 10 中那样来刻画两者的关系。

这里的情境完全类似于数学中的大量相似情况。例如，请考虑实
数与复数之间的关系。常见的复数模型等于实数对的类；相对于实数
论，可以得到复数论的相容证明。但是，这还做得更多：它向我们表明，
复数可以视为实数的一种扩充。

虽然套嵌定理的证明有些细节技巧，但这不是不能描述。阿泽尔
首先分离出来图上的一个等价关系 $\equiv_A$，仅当两个图表征同一集合时，
$\equiv_A$ 才在它们两者之间成立。例如，图示 2 中的所有图都具有 $\equiv_A$，图
示 4 和图示 6 的四个图也同样。这允许阿泽尔全域中的每个集合都可
以用良基全域的图的等价类来表征。然而，这里有一点麻烦，因为每个
集合实际上都是用图的真类来刻画的，并且为了在 ZFC⁻ 中来证明，就
不得不利用集合。为了处理这个问题，阿泽尔从丹娜·斯克特(Dana
Scott)那里借用一种技巧，用集合 G_b 来表征每个集合 b，而 G_b 则是刻
画 b 的累积层次中极低层级的图的集合。按照选择公理，由于每个图
都同形于某个序数集的某个图，所以 G_b 总是非空的。[①] 因此，运用形
如 $G_b/\equiv_A$ 的集合的类，阿泽尔便能够证明：(1) ZFC/AFA 的所有公理
都是真的(运用元素资格的自然解释)；(2) 每个良基集在所得到的模

_____

① 请注意，这项观察结果还表明，无论我们的图是按照良基全域而绘制的还是
按照整个 AFA 全域绘制的，我们都得到相同的 AFA 全域。

型中都被唯一地表征。

阿泽尔的证明表明，在某种意义上，AFA 不产生任何新的数学结构。你总是可以把在 AFA 全域中的非良基集替换为结构 $G_b/\equiv_A$，就像你可以把复数替换为实数对的等价类，或者把实数替换为柯西有理数序列（Cauchy sequences of rationals）的等价类那样。原则上，你可以做这些任何东西，但这可能是完全不实用的，并最终是误导人的。作为数学对象，复数像实数一样是合法的，AFA 全域像良基集全域一样也是合法的。我们可以用一个来建模另一个，这种事实不能使前者比后者更基础或者更合法。

练习 13　回顾前述给出的参量罗素集 z_a 的定义。什么是 z_Ω 呢？如果令 c 是第 38 页的图示 5 刻画的非良基集，那么什么是 z_c 呢？如果令 a 是第 43 页的练习 10 中定义的集合，那么什么是 z_a 呢？

练习 14　证明对于任何集合 a，都存在一个集合 $b=\{a,b\}$。因此，证明不同的集合 a 产生不同的集合 b。推断存在以自己为元素的集合的一个真类。

第 4 节　解方程

除了来自 ZFC 的标准集合论事实，还存在 AFA 的一个简单推论，我们随后将反复使用它，该结论允许我们无需首先用图去刻画各种各样的集合，就可以断定它们存在。

请考虑未定量（indeterminate）x 和下述方程

$$x=\{x\}。$$

这个方程在超集全域中有一个解[①]，即 Ω。而且，由于该方程的任何解

---

　　① 我们的"解"（solution）的用法完全相同于它在代数中的用法。我们下面将把一个方程组（a system of equations）的一个解表征为一个函数，该函数把对象指派给每个未定量并且满足该方程组中的所有方程。

都可以由图 G_Ω 来刻画，所以这个方程在该全域中有一个唯一的解。

相似地，请考虑下列关于未定量 x, y 和 z 的三个方程，

$$x = \{\text{Claire}, \text{Max}, y\},$$

$$y = \{\text{Max}, x\},$$

$$z = \{x, y\}。$$

AFA 告诉我们，这些方程在超全域（hyperuniverse）中有一个唯一的解，即第 38 页的图示 5 刻画的集合 $x = a, y = b, z = c$。

阿泽尔有一个一般结果，它允许我们为未定量 x, y 和 z 的任何方程组（system of equations），比如，

$$x = a(x, y, \cdots),$$

$$y = b(x, y, \cdots),$$

$$\vdots$$

在超集全域中找到一个唯一的解。这个结果，我们称之为"有解引理"（Solution Lemma），在本书中被反复利用。本节的余下部分（到第 51 页）用来精确阐述这个引理，任何认为该精确阐述过于琐碎的人都可以跳过这一部分。

49

给定原子的一个汇集 $\mathcal{A}$，我们把 A 的原子的所有集合的超全域记作 V_A；当然，假定 ZFC/AFA。给定原子的某个更大的汇集 $\mathcal{A}' \supseteq \mathcal{A}$，我们还可以考虑 $\mathcal{A}'$ 的原子的所有集合的超全域 $V_{\mathcal{A}'}$。由于 V_A 中的集合都是用从 $\mathcal{A}$ 中选出的任意加标图来刻画的，$V_{\mathcal{A}'}$ 相似地是用从 A' 中选出的任意加标图来刻画的，所以显然 $V_A \subseteq V_{\mathcal{A}'}$。（请参见图示 11）

我们令 $\mathcal{X} = \mathcal{A}' - \mathcal{A}$，并且把元素 $x \in \mathcal{X}$ 称作 V_A 上的**未定量**。这些未定量可以被视为超全域 V_A 上的未知量（unknowns）。类似于环论，我们有 $V_{\mathcal{A}'} =$

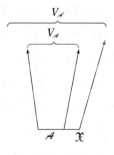

图示 11

$V_{\mathcal{A}}[\mathfrak{x}]$。因此，给定任何集合 $a \in V_{\mathcal{A}}[\mathfrak{x}]$，我们可以把它解释为出现在它的传递闭包中的那些未定量中的一"项"，即 $a \cup (\bigcup a) \cup (\bigcup \bigcup a)$……中的那些未定量的一"项"。对于 $\mathfrak{x}$ 中的一个**方程**，我们的意思是指如下形式的"表达式"：

$$x = a,$$

其中 $x \in \mathfrak{x}$，并且 $a \in V_{\mathcal{A}}[\mathfrak{x}] - \mathfrak{x}$。对于 $\mathfrak{x}$ 中的一个**方程组**，我们的意思是指一个方程簇（a family of equations）$\{x = a_x \mid x \in \mathfrak{x}\}$，其中每个未定量 $x \in \mathfrak{x}$ 都恰好有一个方程。

50　　　　在上述第一个例子中，我们考察了 $\mathfrak{x} = \{x\}$，该方程组就是单个方程

$$x = \{x\}。$$

在第二个例子中，我们有 $\mathfrak{x} = \{x, y, z\}$ 和下列三个方程，

$$x = \{\text{Claire}, \text{Max}, y\},$$

$$y = \{\text{Max}, x\},$$

$$z = \{x, y\}。$$

在这两个例子中，方程右边的集合实际上都是良基的，但我们也可以考虑如下方程：

$$x = \{\Omega, x\},$$

其中非良基集 $\{\Omega, x\}$ 出现在它的右边。

我们接着以自然的方式来定义方程簇的解。对于在 $V_{\mathcal{A}}$ 中的 $\mathfrak{x}$ 的一个**指派**，我们的意思是指一个函数 $f : \mathfrak{x} \to V_{\mathcal{A}}$，它给每个未定量 $x \in \mathfrak{x}$ 都指派 $V_{\mathcal{A}}$ 的一个元素 $f(x)$。任何这样的指派 f 都可以自然地扩充为一个函数 $\hat{f} : V_{\mathcal{A}}[\mathfrak{x}] \to V_{\mathcal{A}}$。直觉上，给定某个 $a \in V_{\mathcal{A}}[\mathfrak{x}]$，不过就是把每个 $x \in \mathfrak{x}$ 都替换为它的值 $f(x)$。（更严格地讲，人们必须利用一个典范图来刻画 a，把标记为未定量 $x \in \mathfrak{x}$ 的任何无子节点都替换为一个刻画集合 $f(x)$ 的图。）我们不把它记作 $\hat{f}(a)$，而记作 $a[f]$，或者更非正式地记作 $a(x, y, \cdots)$ 和 $a(f(x), f(y), \cdots)$。

一个指派 f 是方程 $x = a(x, y, \cdots)$ 的一个**解**，如果

$$f(\boldsymbol{x}) = a(f(\boldsymbol{x}), f(\boldsymbol{y}), \cdots)。$$

更一般地说,f 是 $\mathfrak{x}$ 中的一个方程组的一个**解**,如果 f 是该方程组中的每个方程的一个解。

定理 1(有解引理) 在 $\mathfrak{x}$ 中的每个方程组都有一个唯一的解,其中 $\mathfrak{x}$ 是在 $V_{\mathcal{A}}$ 上的未定量的一个汇集。

该引理如图示 12 所示。此外,我们强调该引理有两个方面,即存在性和唯一性,它们在后文中都是关键的。虽然有解引理的证明并不难,但其符号推理有点冗长乏味。该证明在阿泽尔(1987)中可以找到,但下面仍将举例说明它的主要思想。

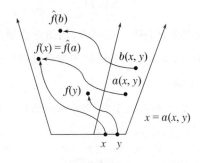

图示 12

例 1 令 $\mathfrak{x} = \{\boldsymbol{x}, \boldsymbol{y}\}$ 包括两个未定量,请考虑下列方程:

$$\boldsymbol{x} = \{\Omega, \{\boldsymbol{x}\}\},$$

$$\boldsymbol{y} = \{\mathrm{Max}, \boldsymbol{x}, \boldsymbol{y}\}。$$

这些方程右边的集合都在图示 13 中得到刻画。为刻画这些方程的解,我们仅需改变一下那些图就行了,即把所有以节点 x 为终端的边

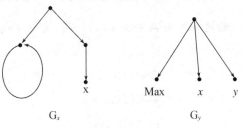

图示 13

都替换为以 G_x 的顶点为终端的边；这对于 y 和 G_y 也类似。如图示 14 所示。

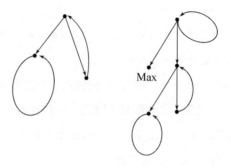

图示 14

按照 AFA，这些图具有唯一的装饰，而指派给顶点的集合就是我们的方程的解。而且，这些方程的任何解都可以产生这些图的一个装饰，因此仅存在一个解。

练习 15 证明在上面的例子中，那个唯一的解就是指派 $f(x) = \Omega$ 和 $f(y) = a$，其中 a 是图示 15 中刻画的集合。

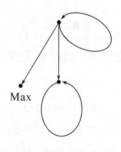

图示 15

练习 16 构造一个刻画集合 $f(x)$ 的图，其中 f 是下列方程组的解。

$$x = \{\text{Claire}, y\},$$
$$y = \{\text{Claire}, z\},$$
$$z = \{\text{Max}, x\}.$$

证明 $f(x) \neq f(y)$。相反，证明假如第三个方程是

$$z = \{\text{Claire}, x\},$$

那么我们本应有 $f(x) = f(y) = f(z)$。

练习 17 在 ZFC$^-$（即没有 AFA 或者基础公理的 ZFC）中，证明有解引理蕴涵 AFA。因而，在给定其他公理的情况下，有解引理实际上就是 AFA 的另一种表述。

第 5 节 归纳与共归纳定义

这是我们利用 ZFC/AFA 来建模循环命题之前的最后一个问题。在集合论中，定义集合或类的一种常用技术是，把意欲定义的类视为某个单调算子的唯一固定点。[①] 但是，当我们运用 ZFC/AFA 时，就往往出现不是唯一而是很多固定点的情况。由于密切相关于有解引理的原因，所以通常需要的是最大固定点（largest fixed point）。

我们来看一个非常简单的例子。为了简单，假定我们的原子汇集 $\mathcal{A}$ 是有穷的，并考虑算子 Γ 给每个集合 X 都指派为其所有有穷子集的集合 $\Gamma(X)$。因而，如果我们的集合论包括基础公理，那么就存在该算子的唯一固定点，即所有遗传有穷集的集合 HF。也就是说，如果我们假定基础公理，那么 HF 就是唯一的集合，使得 $\Gamma(X) = X$。然而，在集合的超全域中，将存在很多不同的固定点，一个最小的，一个最大的，以及二者之间的。

最小固定点 HF_0 可以被刻画为满足如下条件的最小集合：

$\diamondsuit$ 如果 $a \subseteq HF_0 \cup \mathcal{A}$，并且 a 是有穷的，那么 $a \in HF_0$。

这被称作 HF_0 的**归纳定义**（inductive definition）。对比之下，最大固定点 HF_1 可以被刻画为满足下述逆向条件的最大集合：

---

① 一个算子 Γ 是单调的，如果 $X \subseteq Y$ 蕴涵 $\Gamma(X) \subseteq \Gamma(Y)$。$X$ 是 Γ 的一个固定点，如果 $\Gamma(X) = X$。

54 　　　　　◇ 如果 $a \subseteq HF_1$，那么 $a \subseteq HF_1 \cup \mathcal{A}$，并且 a 是有穷的。

这被称作 HF_1 的**共归纳定义**（coinductive definition）。从这些定义容易看出，$HF_0 \subseteq HF_1$。但是，在该超全域中，反之则不然。

练习 18 证明 HF_0 的每个元素都是良基。特别地，$\Omega \notin HF_0$。

练习 19 证明 $\Omega \in HF_1$。

由于 Ω 看起来肯定应当算是一个遗传有穷集合，所以这就提示，对于超集，共归纳定义将用起来更为自然。的确如此。HF_1 不过就是可以用至少一个有穷分支图来刻画的集合的集合，包括 Ω 和我们给出的所有其他例子。

这在超集运用中是一种典型现象。在良基集全域中刻画相同集合或类的一对归纳定义和共归纳定义通常在超集全域中产生不同的汇集。最小固定点通常是由最大固定点的那些良基元素构成的，其中最小固定点是由归纳定义详细刻画的，而最大固定点则是由共归纳定义详细刻画的。后者往往是在运用中所需要的。

阿泽尔有一个定理，即特定终结共代数定理（the Special Final Coalgebra Theorem），它说明了共归纳定义为何如此重要。虽然该定理的详细情况太技术化，无法在这里详细介绍，但我们可以说明一下其基本思想。我们用两个例子来说明它的主要特征。

在 ZFC/AFA 中，有解引理往往占据 ZFC 的递归定理（Recursion Theorem）的位置，递归定理允许人们利用 $\in$ 来递归地定义某种运算。为了在 ZFC/AFA 中做同样的事儿，你就需要表明集合上的某种运算 F 是良定义的（well-defined），而这则需要获知该运算是一个方程组的解。但是，你因此就希望知道，这些方程的某些性质以及进而它们的解。只要这些性质是由共归纳定义来定义的，这通常就得到解决。例如，我们有如下结果。[1]

---

[1] 我们利用一种编码规划来给定理，命题和引理进行统一编号，但在本书三篇中分别进行编号。

命题 2 假设 ε 是如下形式的有穷方程组：

$$x = a_x(x, y, \cdots),$$

其中每个 a_x 都在 HF_1 中。如果 f 是该方程组的唯一的解，那么对于每一未定量 x 而言，$f(x) \in HF_1$。

证明: 这里的基本思想是，如果你以有解引理的证明所提示的方式，从有穷方程组的一个有穷集合中消去这些未定量，那么你就会得到一个有穷的图，它必定刻画 HF_1 中的一个集合。为了详尽地做到这一点，首先要注意，通过引进更多的未定量，我们可以假定每个方程都是下列简单形式之一。

◇ $x = \varnothing$，

◇ $x = a$（对于某个原子 $a \in A$ 而言），

◇ $x = \{y_1, \cdots, y_n\}$，其中 y_i 是其他未定量，它们在该方程组中有自己的方程。

令 f 是它的解。由于 $HF_1 \bigcup \mathrm{rng}(f)$ 显然仍然满足 HF_1 的定义方程（the defining equation），所以正如所期望的，$\mathrm{rng}(f) \subseteq HF_1$。 □

练习 20 利用上面这个命题来证明，唯一的集合 $a = \langle a, a \rangle$ 处于 HF_1 中。

练习 21 给定基础公理，证明 $HF_0 = HF_1$。（提示:通过归纳良基集 a 的层级来证明如果 $a \in HF_1$ 那么 $a \in HF_0$）

为给出这种基本思想另一种阐述，我们运用超集为计算机科学中被称作"流"（stream）的东西提供一种模型。它的基本思想是，一个流是元素的一个可能无穷序列。但是，计算机科学家不把流视为从自然数到元素的函数，而是把它视为有序对，这些有序对的第一个元素是一个原子，第二个是一个流。因而，例如，下面就是一个流:

$$\langle \mathrm{Max}, \langle \mathrm{Claire}, \langle \mathrm{Max}, \langle \mathrm{Claire}, \cdots \rangle \rangle \rangle \rangle。$$

为给出特定终结共代数定理的一种有趣证明，我们不但需要建模流，而且需要建模任意的内置序列（nested sequences）。给定原子的某

个集合 A，令 A_* 被归纳定义为包含 A 的最小集合，并且封闭于下述规则：如果 $x,y\in A_*$，那么 $\langle x,y\rangle\in A_*$。相似地，令 A^* 被共归纳定义为最大集合，它的每个元素都要么是 A 的一个元素，要么具有 $\langle x,y\rangle$ 的形式，其中 $x,y\in A^*$。我们把 A^* 的元素称为 A 上的**内置序列**，把 A_* 的元素称为 A 上的有穷内置序列。

练习22

(1) 证明基础公理蕴涵 $A_*=A^*$。

(2) 证明 AFA 蕴涵 A_* 是 A^* 的一个真子集（proper subset）。特别地，证明在自然数集上存在一个内置序列 $\langle 1,\langle 2,\langle 3,\cdots\rangle\rangle\rangle$。

(3) 证明下列方程的唯一的解产生 A^*-A_* 的元素，并且为那些元素给出一种直观的描述。

$$x=\langle \text{Max},y\rangle,$$

$$y=\langle \text{Claire},x\rangle。$$

为了进一步阐明特定终结共代数定理，我们为内置序列提出一个命题，它类似于命题2。令 $\mathfrak{x}$ 是未定量的一个汇集，并且考虑在 $A\cup\mathfrak{x}$ 上的内置序列的类。也就是说，我们既承认 A 的元素也承认 $\mathfrak{x}$ 的元素是该定义中的基本元素。我们把这些未定量视为参量，把在 $A\cup\mathfrak{x}$ 上的内置序列称为 A 上的**参量内置序列**（parametric nested sequences）。特定终结共代数定理表明，如果我们在有解引理中使用参量内置序列，那么得到的解本身就都是内置序列。

命题3 假设 ε 是对于 $x\in\mathfrak{x}$ 而言的具有如下形式的一个方程组

$$x=a_x(x,y,\cdots),$$

其中每个 a_x 都是在 A 上的一个参量内置序列。令 F 是该方程组的唯一的解。那么，对于每个 $x\in\mathfrak{x}$ 而言，$F(x)$ 是 A 上的一个内置序列。

练习23 证明命题3。

阿泽尔的特定终结共代数定理的一般情况大致如下。假定给予我们一个单调算子 Γ，我们就可以利用 Γ 在全域 V_A 中定义一个最大固定点。这个汇集被称作 Γ-对象汇集。然而，我们还可以利用 Γ 在加

入未定量的全域 $V_A[x]$ 中定义一个最大固定点。这个汇集被称作参量
Γ-对象汇集(collection of parametric Γ-objects)。阿泽尔的定理表明,
在 Γ 的非常一般的条件下,包括参量 Γ-对象的方程都以 Γ-对象作为
它们的唯一的解。虽然阿泽尔的这种结果的一般阐述有些复杂,但这
种结果的证明在任何特定情况中都是相当简明的。虽然我们不使用这
种一般定理,但我们随后将有机会证明它的那些特定情况。

最后讲一讲阿泽尔的术语,这仅仅是出于好奇。从类型论的观点
来看,一个方程组是一个"代数"概念的对偶(dual)概念,并因而被称为
一个共代数(coalgebra)。最终共代数(final coalgebras)都是类型论意
义上的最终,它们的存在条件非常普通。AFA 表明,最终共代数往往
可以视为单调算子的最大固定点。

练习 24 请考虑一个最小类 $B_\circ$,它包含 Max 为元素,它的封闭规
则是:如果 $x \in B_\circ$,那么 $\{x\} \in B_\circ$。类似地,最大类 B° 被定义为满足:如
果 $x \in B^\circ$,那么 x 是 Max,或者对于某个 $y \in B$ 而言,$x = \{y\}$。

(1) 证明基础公理蕴涵 $B_\circ = B^\circ$。

(2) 证明 $\Omega \in B^\circ$。

(3) 精确表达并证明对于 B° 而言的特定终结共代数定理的一个
版本。

练习 25 归纳定义既用以定义集合,也用以定义类。例如,(良
基)序数类就可以被归纳定义为最小类 ON,满足

(1) $\varnothing \in ON$,

(2) 如果 $a \in ON$,那么 $a \bigcup \{a\} \in ON$,并且

(3) 如果 $a \subseteq ON$,那么 $(\bigcup a) \in ON$。

给出最大固定点 ON^* 的一个相应的归纳定义,并证明 $\Omega \in ON^*$。
因此,有人就会认为集合 Ω 是一个超序数(hyperordinal)。然而,这是
他希望运用归纳定义的一个好例子,因为定义这些超序数的要点是,它
们被定义为良序的表达式。对于这样的目的来说,像 Ω 那样的超序数
都是无用的。精确表达并证明对于超序数而言的特定终结共代数定理

的一个版本。

　　历史评论：AFA 的历史，以及关于非良基集的其他工作的历史，比及我们已经提示的要复杂得多。特别地，弗蒂（Forti）和杭塞尔（Honsell）独立地而且更早地研究过公理 AFA，他们称之为公理 X_1。费因斯勒（Finsler）、斯克特（Scott）和博法（Boffa），以及其他人，提出了其他公理。ZFC/AFA 的相容性最初也不是阿泽尔（Aczel）证明的，而追溯到弗蒂（Forti）和杭塞尔（Honsell）、戈尔杰耶（Gordeev）和其他人。关于这项工作的历史，请读者参见阿泽尔（1987）。我们以我们的方式来介绍它，是因为据我们所知，阿泽尔首次认识到 AFA 可以得自融贯的直观的集合概念，而不仅仅是一条形式相容的公理，以及他首次证明它对于现实世界的各种循环的建模是一种重要数学工具，而不仅仅是数学好奇。

　　引进一种新型数学对象，包括现在的常见对象，诸如零、负数、无理数、虚数和无穷小数，总是遭遇极大的阻力。我们认识到，有些集合理论家类似地不情愿承认超集为合法的数学对象。虽然这种不情愿或许可以理解，但还是有些讽刺意义。毕竟，策墨罗之前的很多集合理论家运用的概念都承认循环，这从罗素悖论的构成上可以看得清楚。而且，基础公理在集合论以外的数学中几乎不起作用。然而，我们必须承认，鉴于策墨罗传统的影响，我们最初也像这般不情愿。但是，我们自己的经历使我们相信，那些努力掌握 AFA 技术的人将很快就会感到在超集全域中如鱼得水，并发现重要而有趣的应用。

第Ⅱ篇

罗素命题与说谎者悖论

第4章　罗素命题的建模

第 1 节　基本定义

在本章中,我们开始建模命题的和语句表达命题的罗素观念;在下一章中,我们将转向相伴的真理观念,以及命题与其描述的此世界之间的关系。我们的命题建模方案可能是最简单的一种。在原子层次上,这样的命题断定一个或更多对象处于这种或那种关系。为了表征这些原子断言,我们便运用复杂的集合论对象,它们包括麦克斯(Max)、克莱尔(Claire)和 52 张扑克牌,以及 3 个额外的原子 H、Bel 和 Tr,它们分别表征"有""相信"和性质"真"。一个命题 p 可以关于的事物都是命题,包括命题 p 自身。这种事实将体现于我们的定义。

为此,我们始于定义一个类 *PrePROP*,它真包含(properly contains)我们真正感兴趣的命题。我们下面将在对命题做出一个额外限制后,筛选出一个类 *PROP*。我们的定义采用共归纳定义的形式。

定义 1　令 *PrePROP* 是一个最大的类,使得如果 $p \in PrePROP$,那么 p 是下列形式之一:

(1) $[a \text{ H } c]$ 或 $\overline{[a \text{ H } c]}$,其中 a 是 Claire 或者 Max,c 是一张扑

克牌；

(2) $[a\,Bel\,p]$ 或 $\overline{[a\,Bel\,p]}$，其中 a 是 Claire 或者 Max，$p\in$ *PrePROP*；

(3) $[Tr\,p]$ 或 $\overline{[Tr\,p]}$，其中 $p\in$ *PrePROP*；

(4) $[\wedge X]$ 或 $[\vee X]$，其中 X 是 *PrePROP* 的一个子集。

(1)、(2)和(3)之中的命题都被称作原子命题，它们的每对命题都被认为是相互否定的命题。我们用 $\overline{[\wedge X]}=[\vee\{\bar{p}\,|\,p\in X\}]$、$\overline{[\vee X]}=[\wedge\{\bar{p}\,|\,p\in X\}]$ 和 $\overline{\bar{p}}=p$ 来定义其余命题的否定。我们把 $\overline{[Tr\,p]}$ 简记为 $[Fa\,p]$。

关于定义1，这里应当做出一些评论，有的不重要，有的则重要。关于不重要的方面，注意，我们简单地假定某种技术方法，以由不同集合而系统地表征不同对象。我们不关心 *PrePROP* 的元素究竟如何区别于我们下面将引进的其他类的元素，除非它们应当区别开来。我们在第2章中提到一种可能。任何人，熟悉把 ZFC 集合论用作发展模型论的一种架构，都将习惯于这些种类的假定。我们的符号设计所反映的一个事实是，不同种类的对象是以不同方式来表征的。因而，我们把 $[a\,H\,c]$ 用作集合论对象，它表征命题"a 具有 c,"该命题完全是由玩家 a，关系**有**和扑克牌 c 来确定的。它们究竟是如何由集合来表征的，并不是真正重要的东西；非根本性细节增加我们定义的负担，只能使重要的东西变得不明朗。然而，作为我们编码的一种普遍特征，我们将假定，集合论表达式在名称上指称的对象都是该表达式的传递闭包的元素[①]。因此，我们假定，a 在 $[a\,H\,c]$ 的传递闭包中。

第二点比较重要。我们已经给出 *PrePROP* 一个归纳定义，把它视为满足那些各种条款的最大汇集。这可能需要一些时间思考来理解存在这样一个唯一的最大类。但是，它确实存在，这个事实从第3章中探讨的总体考虑中就容易得到。然而，在更直觉的层次上，理解上述定

[①] 关于传递闭包的定义，请参见第43页的练习12。

义需要注意,该类可以包含的每个对象**就是**如此包含的。我们不是自下而上地追问哪些对象**被迫进入**被定义的类,而是自上而下地追问哪些对象**被**合法地**排除**。这种特征保证 *PrePROP* 的循环元素不被排除在外。

63

第三点有关于我们允许把任意无穷合取式和析取式算作命题。这在某种意义上就是无端引进一种概括,因为我们的样品语言 *ℒ* 没有表达这些命题的设施。我们可以很好地把自己限制于有穷组合,或者小于某个固定的正则基数(regular cardinal)*k* 的集合的组合。这样一种限制可以稍微简化一些工作,因为这样我们就无需处理命题的真类,并且作为结果,下一章定义的此世界的模型也将是集合而不是类。除此之外,没有任何变化;这样,对类吹毛求疵的那些人就会更放心地假定这种修改。我们不采用这种线路,原因有二:首先,基数性(cardinality)限制确实无关于我们的追求;其次,我们感觉,如果承认任意的无穷组合,这种阐释就显然扩展到允许量化的一种语言。①

最后一点有关于我们对于一个命题的否定的定义。假如我们根据一种标准的归纳特征,自下而上地构建了 *PrePROP*,那么该运算的定义,它由命题而得到它们的否定,就本会得自这种递归,并且通常的考虑本会表明它是良定义的。但是,由于 *PrePROP* 包含非良基对象(请参见下面的例子),所以这种方法是不适用的。因此,我们如何知道该运算是良定义的呢?答案在于有解引理(Solution Lemma),我们用它来替换 ∈-递归。

我们将在一定程度上来详细处理有解引理的第一种用法,因为它在本书中将是一种相当重要的方法。原子命题的否定没有什么问题,

---

① 虽然无穷合取和析取的运用暗示一种自然的和相当标准的扩充,即扩充至一种量化语言,但我们实际上并不赞同这种暗示的扩充。一旦你在语义学中承认性质和事实,那么对于量化断言的最自然的处理方式就是把它们视为独立的“高阶”事实的一种描述。请参见 Barwise and Perry (1985),p. 146。不这样处理,那么本书中的很多定理在这种语言中就本会得不到表达,尤其是在第 Ⅲ 篇中量化所有情境的那些定理。

因为它们的否定在定义1的第(1)条至第(3)条中是被明确引进来的。该问题有关于∧和∨。

引理1 存在一种唯一的运算，它给每一 $p \in PrePROP$ 都指派一个元素 $\bar{p} \in PrePROP$，这种指派满足下列条件：

(1) 如果 p 是一个原子命题，那么 $\bar{p}$ 就是它的否定；

(2) $\overline{[\bigwedge X]} = [\bigvee \{\bar{p} \mid p \in X\}]$；

(3) $\overline{[\bigvee X]} = [\bigwedge \{\bar{p} \mid p \in X\}]$。

证明：这里的基本思想是，从条件(1)至(3)生成一个方程组，然后运用有解引理。为此，给每个 $p \in PrePROP$ 引进一个未定量 x_p，并考虑方程组：

$\diamondsuit$ $x_p = \bar{p}$，如果 p 是一个原子命题；

$\diamondsuit$ $x_p = [\bigvee \{x_q \mid q \in X\}]$，如果 $p = [\bigwedge X] \in PrePROP$；

$\diamondsuit$ $x_p = [\bigwedge \{x_q \mid q \in X\}]$，如果 $p = [\bigvee X] \in PrePROP$。

根据有解引理，该方程组存在一个唯一的解 F。由 F 指派给 x_p 的集合就是所期望的否定 $\bar{p}$。我们需要保证 $\bar{p} \in PrePROP$，这得自 $PrePROP$ 的极大性。也就是说，汇集 $PrePROP \cup \{\bar{p} \mid p \in PrePROP\}$ 满足这些定义条件，$PrePROP$ 也同样。因而，该运算是由

$$\bar{p} = F(x_p)$$

而定义的。□

我们现在来考虑类 $PrePROP$ 中的命题的一些例子。请注意，假如我们运用的是标准归纳定义而不是共归纳定义，那么除了第一个例子，所有例子都本会被排除在外。

例1 $PrePROP$ 中的 $[Claire \ H \ 3\clubsuit]$ 被解释为命题"Claire（克莱尔）有梅花三"；它的否定 $\overline{[Claire \ H \ 3\clubsuit]}$ 是命题"Claire（克莱尔）没有梅花三"。

例2 （罗素说谎者命题）存在 $PrePROP$ 的一个唯一的元素，满足方程

$$f = [Fa \ f]。$$

为理解这种情况,请注意,AFA 保证一个集合具有这种结构,并且如果我们把它"加入"*PrePROP*,那么所得到的汇集仍然满足那些定义条款。因此,根据极大性,$f \in PrePROP$。该命题是直接关于自身的,并且说它自己是假的。我们把它称为罗素说谎者命题。请注意,由于 $f = [Fa\ f]$,所以通过替换,我们还有 $f = [Fa\ [Fa\ f]]$,如此等等。

例 3 我们还有一个言真者命题,满足方程

$$t = [Tr\ t]。$$

注意,言真者命题不是说谎者命题的否定。说谎者命题的否定是命题 $[Tr\ f]$,它断言说谎者命题是真的。

例 4 存在任意长度的说谎者命题循环 $p_1, \cdots, p_n, q$,其中除了 q 断言 p_1 是假的,每个命题都断言下一个命题是真的:

$$p_1 = [Tr\ p_2],$$

$$\vdots$$

$$p_n = [Tr\ q],$$

$$q = [Fa\ p_1]。$$

例 5 存在一个唯一的命题 p,满足

$$p = [\text{Max}\ Bel\ p] \wedge [Fa\ p]^{①}。$$

该命题看起来在特征上类似于说谎者命题。仅当麦克斯相信那整个信念是假的,该命题是真的。

例 6 存在一个唯一的(前)命题[(pre-) proposition]:

$$p = [a\ H\ 3\clubsuit] \vee p,$$

并且它的否定 $q = \bar{p}$,该唯一命题满足

$$q = \overline{[a\ H\ 3\clubsuit]} \wedge q。$$

假如我们以自然的方式来定义前命题的真,那么结果本会是,如若 a 没

---

① 请注意,我们显然运用了该合取式的缩写:$\wedge \{[\text{Max}\ Bel\ p], [Fa\ p]\}$。

66 有梅花三, 则这两个命题都会是真的。① 我们来考虑前命题的一个更
怪诞的例子:

$$p = [p \wedge p]$$

及其否定

$$q = [q \vee q]。$$

　　真正做出关于此世界的基本断言的是原子命题, 即使它们是涉及
命题的原子命题(当然, 它们也可以涉及循环, 就像在说谎者命题中那
样)。这里的原因是非常清楚的。为了做出关于某事物的一个基本断
言, 我们就必须断定那个事物具有一种性质或者处于与某个其他事物
的一种关系, 并且必须断定性质(properties)和关系(relations)仅仅出
现于原子命题的层次。后面这些例子表明, 我们的 *PrePROP* 的定义
存在一个问题, 因为它承认命题循环和其他递降序列, 而这些命题从来
做不出一个实质断言(substantive claim), 从来不会"变成"一个原子命
题。下述定义允许我们排除那些非实质命题(nonsubstantive
propositions)。

　　定义 2

　　(1)如果一个集合 $X \subseteq PrePROP$ 不包含原子命题, 并且 X 的每
个元素都有一个直接构成要素, 该要素也是 X 的元素, 那么集合 X 就
是非实质的。

67 　　(2)如果一个命题 p 是某个非实质命题集的一个元素, 那么命题

----

　　① 为理解这个问题, 读者在考虑下一章**真**的定义时, 可以回顾这些例子。对于
表面类似的命题

$$p' = [a\ H\ 3\clubsuit] \vee [Tr\ p'],$$

情境是相当不同的, 它的否定是:

$$q' = \overline{[a\ H\ 3\clubsuit]} \wedge [Fa\ p']。$$

按照任何合理的**真**的定义, 没有任何事实集可以使这两者都是真的。

　　重要的是, p' 和 q' 这两者在英语中都是可表达的, 而例 6 给出的命题却不是。这
里的原因是, 英语没有给我们提供"本命题"的语句类似物, 即不存在这样的表达式, 它
在语法上像语句, 但它表达的命题却恰好是以它为一个构成要素的整个语句表达的命
题。就我们所知, 自然语言都不包括这样的表达式, 这显然具有充分理由。

p 就是非实质的。否则，p 就是实质的。

（3）类 $PROP$ 是 $PrePROP$ 的最大子类，满足如果 $p \in PROP$，那么 p 是实质的，并且 p 在 $PrePROP$ 中的每个直接构成要素都在 $PROP$ 中。

我们称 $PROP$ 的元素为**罗素命题**。在我们给上述定义添加的限制与基础公理之间，存在一种明显的类似。但是，应当强调，我们没有从类 $PROP$ 中排除循环命题。的确，虽然例 6 中的那些命题都被排除了，但从例 1 到例 5 探讨的所有命题都被保留下来。

关于罗素命题的同一条件，正如我们对它们建模，应在此讨论。无论何时，当你运用集合来建模其他事物时，集合的同一条件就给模型增添上同一条件，因此，就间接地给建模对象增添上同一条件。正如我们所见，通过告诉我们两个不同集合不能装饰同一个图，AFA 就向我们提供了集合的同一条件。这种影响涉及我们的命题模型的足够性。为了以不同集合来建模（前理论）命题，那么为它们建模的集合的结构就必须表现出某种不同。因此，例如，说谎者命题的否定 $[Tr \; f]$ 不同于言真者命题 $[Tr \; t]$，因为前者是以说谎者命题为构成要素的命题，而后者则以言真者命题为构成要素，这些都是结构上的不同。然而，命题 $[Fa \; f]$ 与命题 $[Fa \; [Fa \; f]]$ 却是相同的，因为 $f = [Fa \; f]$，所以两者都是说谎者命题 f。

这里建模的命题远精致于以可能世界集而建模的命题。例如，除了承认循环，它们还允许我们区分下列命题。

$$[\text{Max } H \; 3\clubsuit],$$
$$[\text{Max } H \; 3\clubsuit] \wedge [[\text{Claire } H \; 3\diamondsuit] \vee \overline{[\text{Claire } H \; 3\diamondsuit]}].$$

而且，一个问题是，我们的模型所赋予的同一条件是否仍然太粗糙，从而迫使我们把直觉上不同的命题等同起来。我们将在第 6 章中回到这个问题。

练习 26 运用包含未定量 p 和 q 的方程，详细说明说谎者命题 f 的否定 $\overline{f}$。对比它与包含未定量 p 的并且它的解为言真者命题的唯一 68

方程。

练习 27 证明如果 $p \in PROP$，那么其否定 $\bar{p}$ 也属于 $PROP$。

练习 28 在这个练习中，我们将给出类 $PROP$ 的一种刻画，这绕不开类 $PrePROP$。首先，把 X 的命题闭包 $\Gamma(X)$ 定义为包含 X 的最小汇集，并且在前述无穷合取和析取运算下封闭。其次，把原子命题汇集 $AtPROP$ 定义为一个最大类，使得如果 $p \in AtPROP$，那么 p 是如下形式之一：

(1) $[a\ H\ c]$ 或者 $\overline{[a\ H\ c]}$，其中 a 是克莱尔或者麦克斯，c 是一张扑克牌；

(2) $[a\ Bel\ q]$ 或者 $\overline{[a\ Bel\ q]}$，其中 a 是克莱尔或者麦克斯，$q \in \Gamma(AtPROP)$；

(3) $[Tr\ q]$ 或者 $\overline{[Tr\ q]}$，其中 $q \in \Gamma(AtPROP)$。

证明 $PROP = \Gamma(AtPROP)$。

第 2 节 $\mathscr{L}$ 的罗素语义学

我们现在将证明，罗素命题，包括循环命题，何以能够作为我们的语言 $\mathscr{L}$ 的（良基）语句的语义值。我们必须捕捉的直觉是，给定任何语句 $\varphi(\text{this}, \text{that}_1, \cdots, \text{that}_n)$，以及给定指示词 $\text{that}_1, \cdots, \text{that}_n$ 的任何命题指派 $q_1, \cdots, q_n$，那么人们就可以用 φ 来表达一个命题 p，而同时用指示词 this 来指称该同一命题。

为了避免陷入枝节问题，我们暂时限定于关注一个公式 $\varphi(\text{this})$，其中 this 可以出现于 φ，但 φ 不包含其他任何指示词 that_i。现在，设想我们走过来指着命题，并利用 this 来指称它们。那么，从直觉上讲，我们利用 $\varphi(\text{this})$ 表达的命题 p 就将是我们指称的命题 q 的一个函数 F_φ：

$$p = F_\varphi(q)。$$

为了捕捉 this 的这种自反用法，我们希望，命题 p 是下述方程的固定点：

$$p = F_\varphi(p)。$$

这使我们想到利用有解引理。为了在我们的语义学中援用该引理，我们将把函数 F_φ 表征为集合 $g(p)$，该集合与命题一样，除了有一个命题未定量 p 占据一个命题位置。我们把这种东西称为**参量命题**，或者有时追随罗素而称之为**命题函数**。

以此为动机，我们回到一般情况。我们引进特定的命题未定量 p，$q_1, q_2, \cdots$，它们对应于指示词 this、$that_1$、$that_2$，等等。然后，通过允许下述形式的额外的原子命题

$$[a\ Bel\ z] \quad \overline{[a\ Bel\ z]}$$

$$[Tr\ z] \quad \overline{[Tr\ z]}$$

其中 z 是未定量，而把命题类 $PROP$ 的定义推广到参量命题类 $ParPROP$。我们把这个简单扩充的细节留给读者，但对于熟悉这种过程的人来说，我们注意到它类似于在给定未定量中形成的多项式的一个环（a ring of polynomials）。

现在，我们将分两步来阐述 $\mathscr{L}$ 的语义学。第一步，我们定义一个函数 Val，它为 $\mathscr{L}$ 的每个公式 φ 指派一个参量命题。一般地，$Val(\varphi)$ 包含参量 p 和对于每个出现于 φ 的 $that_i$ 而言的 q_i。然而，如果 φ 是一个语句，那么 $Val(\varphi)$ 就只包含参量 q_i，并且 φ 表达的命题是由一个语境 c 来确定的，而语境 c 则固定出现于 φ 中的未定量 $that_i$ 的指称。由于这是语境在罗素阐释中所起的唯一作用，所以这就足以用给 $that_i$ 指派命题的函数来建模语境。因此，第二步是定义一个函数 Exp，使得对于任意语句 φ 和语境 c，该函数提供 φ 在 c 中表达的命题 $Exp(\varphi, c)$。

定义 3 我们来定义函数 Val，它给每个公式 $\varphi(\textbf{this}, \textbf{that}_1, \cdots, \textbf{that}_n)$ 都指派一个带有未定量 $p, q_1, \cdots, q_n$ 的参量命题 $Val(\varphi)$ 如下：

（1）$Val(\textbf{a Has c}) = [a\ H\ c]$；

（2）$Val(\textbf{a Believes that}_i) = [a\ Bel\ q_i]$；

（3）$Val(\textbf{a Believes this}) = [a\ Bel\ p]$；

70

(4) $Val(\mathbf{a\ Believes}\ \varphi)=[\text{a Bel } Val(\varphi)]$；

(5) $Val(\mathbf{True\ that}_i)=[\text{Tr } \boldsymbol{q}_i]$；

(6) $Val(\mathbf{True\ this})=[\text{Tr } \boldsymbol{p}]$；

(7) $Val(\mathbf{True}\ \varphi)=[\text{Tr } Val(\varphi)]$；

(8) $Val(\varphi_1\wedge\varphi_2)=[\wedge\{Val(\varphi_1),Val(\varphi_2)\}]$，

$\quad\quad Val(\varphi_1\vee\varphi_2)=[\vee\{Val(\varphi_1),Val(\varphi_2)\}]$；

(9) $Val(\neg\varphi)=\overline{Val(\varphi)}$；

(10) $Val(\downarrow\varphi)=$ 方程 $\boldsymbol{p}=Val(\varphi)(\boldsymbol{p},\boldsymbol{q}_1,\cdots)$ 的唯一解 $\boldsymbol{p}\in$ $ParPROP$。

引理 2　$Val(\varphi)$ 是一个参量命题，带有参量 $\boldsymbol{q}_i$，其中 $\mathbf{that}_i$ 出现于 φ，并且带有额外的参量 $\boldsymbol{p}$ 如果 $\mathbf{this}$ 在 φ 中是自由的。

证明：这是对于公式的一种常规的归纳。只有第 10 条有一些意思，它由有解引理而直接得出。□

我们暂时回到前面考虑的 $\varphi(\mathbf{this})$ 这种特定情况。由于 φ 不包含任何指示词 $\mathbf{that}_i$，所以上述引理告诉我们，参量命题 $g(\boldsymbol{p})=Val(\varphi)$ 至多有一个参量 $\boldsymbol{p}$。而且，如果我们运用有解引理而求得唯一的解 $\boldsymbol{p}=g(\boldsymbol{p})$，正如我们会得出 $Val(\downarrow\varphi)$ 那样，那么按照 $PROP$ 的极大性，我们就保证 $\boldsymbol{p}$ 是一个命题。的确，由前述可以相当一般地得出：如果 φ 是一个语句，并因而不包含 $\mathbf{this}$ 的自由出现，那么 $Val(\varphi)$ 就是一个命题。我们把它称作语句 φ 表达的命题，记作 $Exp(\varphi)$。

为了处理这种一般情况，即包含某个 $\mathbf{that}_i$ 的语句，我们把一个语句 $\varphi(\mathbf{that}_1,\cdots,\mathbf{that}_n)$ 的罗素语境（Russellian context）定义为一个函数 c，该函数定义在 φ 的所有命题指示词 $\mathbf{that}_1,\cdots,\mathbf{that}_n$ 上，并以命题 $q_1,\cdots,q_n$ 为值。这样一个语境 c 为 $Val(\varphi)$ 的命题未定量 $\boldsymbol{q}_1,\cdots,\boldsymbol{q}_n$ 给出一个自然指派。因此，我们可以把语句 φ 在语境 c 下表达的命题 $Exp(\varphi,c)$ 定义为命题：

$$Val(\varphi)(q_1,\cdots,q_n)。$$

这不过是用语境所决定的命题 q_i 来替换每个相应的未定量 $\boldsymbol{q}_i$ 而得到

命题的结果罢了。

例 7　$\mathcal{L}$ 的说谎者句就是下述语句 (λ)。[1]

$$(λ)　¬\,\text{True}(\text{this})。$$

按照上面这个定义，这个语句表达唯一的命题 $p=[Fa\,p]$。但是，这恰好就是第 64 页的例 2 介绍的说谎者命题。

上面这个定义给了我们一个语句在孤立地表达一个命题的情况下我们所希望的东西，但我们在第 1 章中探讨的一些例子却涉及多个语句，这些语句指称以各种方式而相互表达的命题。本节余下部分将被用来扩充我们的语义学，以处理这类情况，但初次阅读时可以跳过它。

为了在相互关于 (about each other) 的陈述序列与命题序列之间建立联系，以下述方式修改我们的语义学。我们将建模的例子涉及带有语句序列 $\varphi_1,\cdots,\varphi_n$ 的多个语句，我们修改语义学，使得对于 $i \leqslant n$，指示词 that$_i$ 自动地指称 φ_i 表达的命题。然而，对于 $i>n$ 的其他指示词 **that$_i$**，我们仍然需要考虑语境。因而，对于一个语句序列 $\varphi_1,\cdots,\varphi_n$ 的一个语境 c，我们的意思是指一个指派，它被定义在除命题指示词 **this**，**that$_1$**,$\cdots$,**that$_n$** 之外的其他所有出现在该序列中的命题指示词上。给定这样一个语境 c 和命题 $q_1,\cdots,q_n$，我们把这种扩展的 c 记作 $(q_1,\cdots,q_n,c)$，其中 c 把 q_i 指派给 **that$_i$**。因而，(在早期的意义上) $(q_1,\cdots,q_n,c)$ 是每一个语句 φ_i 的一个语境。

定理 3　给定任何语句序列 $\varphi_1,\cdots,\varphi_n$ 和该序列的一个语境 c，那么存在一个唯一的命题序列 $q_1,\cdots,q_n$，使得对于每个 $i \leqslant n$ 而言，

$$Exp(\varphi_i,(q_1,\cdots,q_n,c))=q_i。$$

也就是说，在扩展语境 $(q_1,\cdots,q_n,c)$ 中，q_i 是 φ_i 表达的命题。

证明：这是有解引理的又一次简单运用。给定根据函数 *Val* 而定义的函数 *Exp*，我们希望，存在一个唯一的命题序列 $q_1,\cdots,q_n$ 满足下列方程：

---

[1]　回想一下我们省略 ↓ 的最外层出现的规约。

$$q_1 = Val(\varphi_1)(q_1, \cdots, q_n, c),$$

$$q_2 = Val(\varphi_2)(q_1, \cdots, q_n, c),$$

$$\cdots$$

$$q_n = Val(\varphi_n)(q_1, \cdots, q_n, c)_。$$

正如所期望的那样,存在这样一个序列,它直接得自有解引理。□

利用这些结果,容易验证,上一节讨论的所有命题确实都是由表达那些命题的英语句的明显的 $\mathcal{L}$-类似物来表达的。我们利用上面使用的符号规约的明显扩展而给出一个例子。

例 8 请考虑下列语句序列 $\varphi_1, \varphi_2, \varphi_3$。

$\diamondsuit$ **True(that$_2$)**,

$\diamondsuit$ **True(that$_3$)**,

$\diamondsuit$ **$\neg$True(that$_1$)**。

因而,$Exp(\varphi_1, \varphi_2, \varphi_3)$ 就是满足下列方程的唯一的命题序列 p_1, p_2, p_3。

$\diamondsuit$ $p_1 = [Tr\, p_2]$,

$\diamondsuit$ $p_2 = [Tr\, p_3]$,

$\diamondsuit$ $p_3 = [Fa\, p_1]$。

这就是长度为 3 的说谎者循环。

练习 29 下列八个语句仅表达四个不同的命题,它们是言真者命题 t,说谎者命题 f,以及它们的否定 $\bar{t}$ 和 $\bar{f}$。请指出哪个语句表达哪个命题。

(1) **True(this)**

(2) **True(True(this))**

(3) **True($\downarrow$ True(this))**

(4) **$\neg$True(this)**

(5) **$\neg\downarrow$ True(this)**

(6) **$\neg$True($\neg$True(this))**

(7) **$\neg(\neg$True(this))**

(8) **$\neg(\downarrow\neg$True(this))**

练习30 辨识下列语句表达什么命题。关于这些命题的真和假，你的直觉是什么？哪个看起来是悖论命题？我们在后面的一个练习中将返回到这些命题,在那里我们可以比较这些直觉与罗素命题和奥斯汀命题所做出的预测。

(1) $((\textbf{Claire Has } 5\heartsuit) \wedge \neg(\textbf{True}(\textbf{this})))$

(2) $((\textbf{Claire Has } 5\heartsuit) \vee \neg(\textbf{True}(\textbf{this})))$

(3) $((\textbf{Claire Has } 5\heartsuit) \wedge \neg(\textbf{Claire Has } 5\heartsuit)) \wedge \neg\textbf{True}(\textbf{this})$

(4) $((\textbf{Claire Has } 5\heartsuit) \wedge (\textbf{Max Has } 5\heartsuit)) \wedge \neg\textbf{True}(\textbf{this})$

(5) $((\textbf{Claire Has } 5\heartsuit) \vee \neg(\textbf{Claire Has } 5\heartsuit)) \vee \neg\textbf{True}(\textbf{this})$

(6) $((\textbf{Claire Has } 5\heartsuit) \vee \neg(\textbf{Claire Has } 5\heartsuit)) \wedge \neg\textbf{True}(\textbf{this})$

(7) $\neg\textbf{True}(\textbf{this}) \vee \downarrow\textbf{True}(\textbf{this})$

(8) $\neg\textbf{True}(\textbf{this}) \vee \textbf{True}(\textbf{this})$

(9) $\neg\textbf{True}(\textbf{this}) \wedge \downarrow\textbf{True}(\textbf{this})$

(10) $\neg\textbf{True}(\textbf{this}) \wedge \textbf{True}(\textbf{this})$

(11) $\neg\textbf{True}(\neg\textbf{True}(\textbf{this}))$

(12) $\textbf{True}(\neg\textbf{True}(\neg\textbf{True}(\textbf{this})))$

(13) $\neg\textbf{True}(\textbf{True}(\neg\textbf{True}(\textbf{this})))$

(14) $\neg\textbf{True}(\textbf{True}(\downarrow\neg\textbf{True}(\textbf{this})))$

练习31 请考虑下面两个命题。

$$p = \overline{[[Tr\,p] \wedge [Tr\,q]]},$$
$$q = [[Tr\,p] \wedge [Tr\,q]]。$$

(1) 证明:不使用指示词 that_i,这些命题在 $\mathscr{L}$ 中就是不可表达的。

(2) 请根据 p 由下述语句所表达的方式,以两个辖域标志符来扩充这种语言:

$$\downarrow_1 \neg \downarrow_2 (\textbf{True}(\textbf{this}_1) \wedge \textbf{True}(\textbf{this}_2))。$$

练习32 对于不用指示词 that_i 就可以在 $\mathscr{L}$ 中表达出来的命题,给出它们的一般的图论特征。

第5章 罗素命题的真

第1节 真与此世界

我们现在转向定义罗素命题的真。这里的基本思想是,一个罗素命题是真的,仅当存在使之为真的事实;该命题不是真的,仅当不存在那样的事实。然而,事实是相对于实际世界(actual world)而言的;因此,我们将最终为此世界建立一个模型 $\mathcal{M}$,并且把 $\mathcal{M}$ 的任何子集都视为一个事实集。除非有这样一个模型,我们才能谈论事态(states of affairs)而不是事实(facts),谈论什么是一个事态集(即一个情境)使一个命题成为真的。

定义 4 令 SOA 和 SIT 被定义如下:

◇ $\sigma \in SOA$,当且仅当,σ 属于下列形式之一:

- $\langle H, a, c; \mathrm{i} \rangle$,
- $\langle Tr, p; \mathrm{i} \rangle$,
- $\langle Bel, a, p; \mathrm{i} \rangle$,

其中 H, Tr 和 Bel 是不同的原子,a 是克莱尔或者麦克斯,c 是一张标准的扑克牌,p 属于 $PROP$,i 是 0 要么 1。

◇ $s \in SIT$，当且仅当，s 是 SOA 的一个子集。

我们把 SOA 的元素称为**事态**（states of affairs，或者简称 soa's）。情境（situations），作为 SIT 的元素，是事态的集合（而不是类）。如果 $\langle H,a,c;1 \rangle$ 属于情境 s，那么它表征一个人 a 在情境 s 中有扑克牌 c；如果 $\langle H,a,c;0 \rangle$ 属于情境 s，那么它表征 a 在情境 s 中没有扑克牌 c。如果两者都不属于情境 s，那么 s 就不能决定 a 是否有 c。我们称 $\langle H, a,c;1 \rangle$ 与 $\langle H,a,c;0 \rangle$ 为**互偶**事态（这对于包括 Tr 和 Bel 的事态也类似）。

定义 5　我们把"使真"①关系定义为包含于 $SIT \times PROP$ 的唯一关系 $\models$，它满足：

◇ $s \models [a\ H\ c]$，当且仅当，$\langle H,a,c;1 \rangle \in s$；

◇ $s \models \overline{[a\ H\ c]}$，当且仅当，$\langle H,a,c;0 \rangle \in s$；

◇ $s \models [a\ Bel\ p]$，当且仅当，$\langle Bel,a,p;1 \rangle \in s$；

◇ $s \models \overline{[a\ Bel\ p]}$，当且仅当，$\langle Bel,a,p;0 \rangle \in s$；

◇ $s \models [Tr\ p]$，当且仅当，$\langle Tr,p;1 \rangle \in s$；

◇ $s \models \overline{[Tr\ p]}$，当且仅当，$\langle Tr,p;0 \rangle \in s$；

◇ $s \models [\wedge\ X]$，当且仅当，对每一 $p \in X, s \models p$；

◇ $s \models [\vee\ X]$，当且仅当，存在 $p \in X, s \models p$。

这样的唯一关系的存在可能不太明显，因为我们拥有非良基命题。的确，假如我们试图同样来定义类 $PrePROP$，那么我们本会失败，因为本会有很多关系满足这些条款。但是，正如下述引理所表明的那样，它们都支持 $PROP$。

引理 4　令 $\models_1 \subseteq (SIT \times PrePROP)$ 被归纳定义为一种最小关系，它满足定义 5 中的 $\Leftarrow$ 半部的那些条件，并令 $\models_2 \subseteq (SIT \times PrePROP)$ 被归纳定义为一种最大关系，它满足定义 5 中的 $\Rightarrow$ 半部的那些条件。那

---

① "使真"概念在不同语境中分别被译为"使……为真""使……成为真的""由……而为真""由……而成为真的"等。这对于"使假"概念，是同样的道理。——译注

么我们有：

(1) $\models_1$ 和 $\models_2$ 都满足定义 5 的全部条件；

(2) 对于所有 $p \in PrePROP$ 而言，如果 $s \models_1 p$，那么 $s \models_2 p$；

(3) 对于 $p \in PROP$ 而言，$s \models_1 p$，当且仅当 $s \models_2 p$。

证明：(1)和(2)仅仅是归纳和共归纳定义的普通事实的简单实例而已。为了证明(3)，我们就证明，反例形成一个非实质汇集，因而在集合 $PROP$ 中不存在反例。

令 X 是所有 $p \in PrePROP$ 的汇集，使得对于某个 $s \in SIT$ 而言，$s \models_2 p$，而 $s \not\models_1 p$。

显然，X 不包含原子命题。假设 $p = \wedge Y$ 在 X 中。那么，由于 $s \not\models_1 p$，所以存在一个 $q \in X$，满足 $s \not\models_1 q$。但是，由于 $s \models_2 p$，所以 $s \models_2 q$。因而，p 有一个构成要素 $q \in X$。这对于 $p(=\vee Y) \in X$ 是类似的道理。因而，X 是一个非实质汇集。□

一个相似的证明允许我们确立下述事实。我们把这一对结果视为表明我们的精简的 $PROP$ 是一个比 $PrePROP$ 更自然的类。

引理 5　令 $s \in SIT$ 不包含任何事态和它的对偶。那么，不存在命题 $p \in PROP$，使得 $s \models p$ 并且 $s \models \bar{p}$。

证明：令 X 为命题 $p \in PROP$ 的汇集，使得我们既有 $s \models p$，又有 $s \models \bar{p}$。按照关于 s 的假设和关系 $\models$ 的定义，X 不包含原子命题。但是，关于合取和析取的通常的推理表明，假如某个非原子命题属于 X，那么它的某个直接构成要素就本必定属于 X。因而，X 是非实质的，因此根据 $PROP$ 的定义，是空的。□

练习 33　令 p 和 q 是 $PrePROP$ 的独特元素，满足下列方程：

$$p = [p \wedge p],$$

$$q = [q \vee q]_\circ$$

(1) 证明 p 与 q 是相互否定的，即 $\bar{p} = q$。

(2) 证明对于任意 s 而言，$s \models_2 p$ 并且 $s \models_2 q$(运用引理 4 的思想)。

(3) 证明对于任意 s 而言，$s \not\models_1 p$ 并且 $s \not\models_1 q$。

为了刻画实际世界在确定事实中所起的作用,以及因而在确定命题的**真**中所起的作用,我们引进此世界的一个"模型"概念。从根本上讲,此世界的一个模型就是事态的一个汇集(集合或者类),其中事态包括涉及性质**真**的事态。但是,我们将添加某种融贯条件,以排除各种各样的逻辑不融贯,尤其是涉及性质**真**和**假**的不融贯。我们需要确保排斥某些模型,它们一方面包含一个事实$\langle Tr, p; 1\rangle$,断言一个命题 p 是真的,而另一方面却又不能使 p 成为真的。我们勿用费心提出关于"相信"和"有"这些关系的类似的融贯条件(比如,两个玩家不能有相同的扑克牌),因为这样的关系不影响我们对于**真**的阐释。

我们至少需要添加三个条件。首先,我们必须保证,事态和它的对偶不能都出现于一个模型 $\mathcal{M}$。其次,如果$\langle Tr, p; 1\rangle$在 $\mathcal{M}$ 中,那么情况应当是,模型 $\mathcal{M}$ 中的事实使 p 成为真的;换言之,存在 $\mathcal{M}$ 的一个子集 s,使得 $s \models p$。再次,同样,甚至更为重要,如果$\langle Tr, p; 0\rangle$在 $\mathcal{M}$ 中,那么我们就必须保证,不存在 $\mathcal{M}$ 的子集 s,使得 $s \models p$。在添加这些极小融贯条件后,我们将开始引进此世界的一个"弱模型"概念。在给弱模型添加自然封闭条件后,我们将适时引进此世界的一个"(标准)模型"概念。

定义 6

(1) 给定事态的一个汇集 $\mathcal{M}$。如果存在一个集合 $s \subseteq \mathcal{M}$,使得 $s \models p$,那么 $\mathcal{M}$ 使命题 p 成为真的,记作 $\mathcal{M} \models p$。如果不存在这样的 s,那么 $\mathcal{M}$ 使命题 p 成为假的,记作 $\mathcal{M} \not\models p$。

(2) 对比而言,如果$\langle Tr, p; 1\rangle \in \mathcal{M}$,那么命题 p 在 $\mathcal{M}$ 中是真的,记作 $True_{\mathcal{M}}(p)$;如果$\langle Tr, p; 0\rangle \in \mathcal{M}$,那么 p 在 $\mathcal{M}$ 中是假的,记作 $False_{\mathcal{M}}(p)$。

(3) 事态的一个汇集 $\mathcal{M}$ 是融贯的,如果没有事态和它的对偶都在 $\mathcal{M}$ 中。

(4) 此世界的一个弱模型 $\mathcal{M}$ 是事态的一个融贯汇集,满足

◇ 如果 $True_{\mathcal{M}}(p)$,那么 $\mathcal{M} \models p$;

◇ 如果 $False_{\mathcal{M}}(p)$，那么 $\mathcal{M} \not\models p$。

这些定义需要一些说明。对于(1)和(2)，注意 $\mathcal{M} \models p$，$True_{\mathcal{M}}(p)$ 和 $False_{\mathcal{M}}(p)$ 都是关于 $\mathcal{M}$ 的肯定断言，即断言这种或那种事实呈现于 $\mathcal{M}$ 中。$\mathcal{M} \models p$ 要求使 p 为真所需要的事实在 $\mathcal{M}$ 中，而 $True_{\mathcal{M}}(p)$ 和 $False_{\mathcal{M}}(p)$ 则要求语义事实 $\langle Tr, p; 1 \rangle$ 和 $\langle Tr, p; 0 \rangle$ 在 $\mathcal{M}$ 中。相反，$\mathcal{M} \not\models p$ 是否定的。我们可以把它视为否认在 $\mathcal{M}$ 中存在使 p 为真的事实。至于(3)和(4)，它们是给弱模型添加的绝对极小条件。要求弱模型融贯仅仅反映一种事实，即对象不能既具有又不具有某种给定性质；而其他要求则都是关于性质**真**的极小条件：除非此世界确实使一个命题成为真的，否则它为真就不可能是一个**事实**；并且，如果此世界确实使一个命题成为真的，那么它**不真**就不可能是一个事实。

定理6   任何弱模型 $\mathcal{M}$ 都使说谎者命题 $f = \lceil Fa\ f \rceil$ 成为假的，但它在任何这样的模型 $\mathcal{M}$ 中都不是假的。也就是说，它为假的事实不是此世界中的事实。

证明：设 $\mathcal{M} \models f$。那么，存在一个集合 $s \subseteq \mathcal{M}$，使得 $s \models f$。在这样的情况下，$\langle Tr, f; 0 \rangle \in s$，因此 $\langle Tr, f; 0 \rangle \in \mathcal{M}$。但是，根据我们的弱模型条件，$f$ 必定由 M 而成为假的，这与我们的假设相矛盾。因而，$\mathcal{M} \not\models f$。

现在，我们来证明 f 在 $\mathcal{M}$ 中不是假的。假设 f 在 $\mathcal{M}$ 中是假的。也就是说，假设 $\langle Tr, f; 0 \rangle \in \mathcal{M}$。令 $s = \{\langle Tr, f; 0 \rangle\}$。那么，$s$ 就是 $\mathcal{M}$ 中的一个事实集，并且 $s \models f$。因此，f 由 M 而成为真的，但按照前述证明，这是不可能的。□

注意，该定理的这种证明完全类似于通常用于证明说谎者悖论是悖论的推理。的确，如果我们回过头来看第1章第20页给出的直观推理，我们就看到 f 由 $\mathcal{M}$ 而为假的证明对应于第3步，而 f 在 $\mathcal{M}$ 中不为假的证明则对应于第4步。然而，这里不存在悖论，只存在一种有点令人困惑的寓意。这个寓意是，根据命题和**真**的罗素观念，或者至少根据我们对于它的重构，说谎者命题**由此世界**而成为假的，但它为假却不能被理解为此世界**中**的一个事实。因为把它为假添入此世界，即把事态

$\langle Tr, f; 0 \rangle$ 放进 $\mathscr{m}$, 首先就会违反锚定(anchor)我们的"真"和"假"概念的极小融贯条件。我们认为,当我们更详细地展示出来说谎者悖论的推论时,这个寓意的重要意义就将变得更为清晰。

按照我们在第 1 章关于否定和否认的探讨来解释定理 6 的一种方式就应当如此。该定理告诉我们,我们可以否认的说谎者命题 f 是真的,但我们却不能断定 f 不是真的,因为断定 f 不真就是断定 f。于是,该定理的这种令人困惑的特征就成为一个问题,即这两者何以可能不同呢。

第 2 节　T-模式与此世界

在第 1 章中,我们谈到,似乎仅根据 T-模式从说谎者命题就可以得到一个矛盾。为了弄清哪些东西必须放弃及其原因,让我们在目前罗素架构(Russellian framework)中来重构这种模式。

定义 7　令 $\mathscr{m}$ 是此世界的一个弱模型:

(1) 如果 $\mathscr{m}$ 满足条件 $True_{\mathscr{m}}(p)$ 当且仅当 $\mathscr{m} \models p$, 那么我们就称 $\mathscr{m}$ 是 T-封闭的(T-closed)。这可以重述为,$\mathscr{m} \models [Tr\, p]$ 当且仅当 $\mathscr{m} \models p$;

(2) 如果 $\mathscr{m}$ 满足条件 $False_{\mathscr{m}}(p)$ 当且仅当 $\mathscr{m} \not\models p$, 那么我们就称 $\mathscr{m}$ 是 F-封闭的(F-closed)。这可以重述为,$\mathscr{m} \models [Fa\, p]$ 当且仅当 $\mathscr{m} \not\models p$;

(3) 如果 $\mathscr{m}$ 既是 T-封闭的又是 F-封闭的,那么我们就称 $\mathscr{m}$ 是语义封闭的。

直观 T-模式的最直接的重构是要求模型 T-封闭。我们将看到,假设世界是 T-封闭的,这是完全没有问题的。按照定理 6,任何模型都使说谎者命题成为假的,因此 T-封闭仅仅保证说谎者命题不能在 $\mathscr{m}$ 中是真的。但是,这实际上已经被我们的弱模型的融贯条件所保证。这就是为何必须引进不同的"F-封闭"概念来捕捉 T-模式的完整意图的原因。

注意，T-封闭的⇒半部是由弱模型定义来保证的，正像 F-封闭的⇒半部那样。说谎者命题导致问题的地方是 F-封闭的⇐半部。定理 6 告诉我们，说谎者命题 f 不是由一个模型 $\mathcal{M}$ 而成为真的，而 F-封闭则要求 $[Fa\ f]$ 由 $\mathcal{M}$ 而成为真的。但是，f 和 $[Fa\ f]$ 是相同的命题。结果，我们有定理 6 的如下系理。

系理 7 没有弱模型是 F-封闭的。因而，不存在语义封闭的模型。

说谎者悖论向我们表明，不存在 F-封闭的模型，并因而不存在语义封闭的模型。但是，引进语义封闭的近似概念却是可能的。回想一下，当我们在第 1 章中讨论 F-模式（F-schema）时，存在一个问题，即"¬……"应当被理解为否定断定，还是应当被理解为某种内嵌否认呢。上述引进的"F-封闭"概念实际上选择了后者，因为出现于右侧的否定（$\mathcal{M}\not\models p$）是完全无关于该命题的。这暗示一种替代的封闭条件，结果证明，这种条件确实是可以满足的。

定义 8 令 $\mathcal{M}$ 是此世界的一个弱模型。

（1）如果 $\mathcal{M}$ 满足条件 $False_{\mathcal{M}}(p)$ 当且仅当 $\mathcal{M}\models\bar{p}$，那么我们就称 $\mathcal{M}$ 是 N-封闭的（N-closed）。这可以重述为，$\mathcal{M}\models[Fa\ p]$ 当且仅当 $\mathcal{M}\models\bar{p}$；

（2）如果 $\mathcal{M}$ 既是 T-封闭的，又是 N-封闭的，那么我们就称 $\mathcal{M}$ 是殆语义封闭的（almost semantically closed）。

在某种非常重要的意义上，N-封闭弱于 F-封闭：对于一个限定的命题类，即 $\mathcal{M}$ 使其否定为真的一个命题类，N-封闭的⇐半部仅要求 $False_{\mathcal{M}}(p)$。但是，只要我们论及一种非常简朴的"弱模型"概念，那么在一定意义上，N-封闭就又强于 F-封闭。因为⇒半部要求，对于在 $\mathcal{M}$ 中为假的任何命题，都一定存在一个使 p 的否定为真的事实集来"见证"p 的假。为了将来指称方便，我们把 N-封闭的⇒半部称为见证条件（witnessing condition）。因此，一个弱模型 $\mathcal{M}$ 满足见证条件，仅当 $False_{\mathcal{M}}(p)$ 蕴涵 $\mathcal{M}\models\bar{p}$。

有很多方式都能够使殆语义封闭模型(almost semantically closed models)更自然地表征**真**和**假**的性能,并因而从总体上讲比弱模型更自然地表征此世界。例如,我们有如下命题。

命题 8　令 $\mathcal{M}$ 是一个殆语义封闭的弱模型,则

(1) $\mathcal{M} \models [Tr\ p]$,当且仅当,$\mathcal{M} \models p$;

(2) $\mathcal{M} \models [Fa\ p]$,当且仅当,$\mathcal{M} \models \bar{p}$;

(3) $\mathcal{M} \models [Fa\ [Fa\ p]]$,当且仅当,$\mathcal{M} \models p$;

(4) $\mathcal{M} \models [Tr\ (\wedge X)]$,当且仅当,对于每个 $p \in X$ 而言,$\mathcal{M} \models [Tr\ p]$;

(5) $\mathcal{M} \models [Tr\ (\vee X)]$,当且仅当,存在 $p \in X$,$\mathcal{M} \models [Tr\ p]$;

(6) $\mathcal{M} \models [Fa\ (\wedge X)]$,当且仅当,存在 $p \in X$,$\mathcal{M} \models [Fa\ p]$;

(7) $\mathcal{M} \models [Fa\ (\vee X)]$,当且仅当,对于每个 $p \in X$ 而言,$\mathcal{M} \models [Fa\ p]$。

证明: 这些都是根据上述定义的常规演算。□

因此,问题是,存在殆语义封闭模型吗? 首先我们说,一个模型 $\mathcal{M}$ 的一个**语义事实** σ 是形如 $\langle Tr, p; 1\rangle$ 或 $\langle Tr, p; 0\rangle$ 的任何事态 $\sigma \in \mathcal{M}$。于是,我们有下述定理。

定理 9　令 $\mathcal{M}$ 是不包含语义事实的任意弱模型。那么,存在一个最小模型 $\mathcal{M}^* \supseteq \mathcal{M}$,该最小模型是殆语义封闭的。

证明: 如果 $\mathcal{M}$ 不包含语义事实,那么它显然满足见证条件。因此,该定理就由下一个更一般的定理而得出。□

上述定理回答了殆语义封闭模型的存在这个简单问题。但是,有一个更一般的问题更值得考察,并将被证明更有用得多:哪些弱模型可以扩充为殆语义封闭模型呢? 上面的证明已经提示出来答案,这可以给出如下定理。

定理 10　[封闭定理(Closure Theorem)]令 $\mathcal{M}$ 是一个弱模型,满足见证条件。那么,存在一个最小殆语义封闭模型 $\mathcal{M}^* \supseteq \mathcal{M}$。

证明: 这里的思想是,对于任何这样一个弱模型 $\mathcal{M}$,定义包含 $\mathcal{M}$ 的另一个弱模型 $\mathcal{M}'$ 和用以封闭 $\mathcal{M}$ 的额外"层次"的语义事实。我们来重述这种运算。

令 $\mathscr{M}'$ 是事态 σ 的一个汇集，满足下列条件之一：

(1) $\sigma \in \mathscr{M}$。

(2) $\sigma = \langle Tr, p; 1 \rangle$，其中 $\mathscr{M} \models p$。

(3) $\sigma = \langle Tr, p; 0 \rangle$，其中 $\mathscr{M} \models \bar{p}$。

我们先来表明 $\mathscr{M}'$ 是一个弱模型。为此，我们需要确立下列东西：

83

(1) $\mathscr{M}'$ 不包含一个事态和它的对偶；

(2) 如果 $\langle Tr, p; 1 \rangle \in \mathscr{M}'$，那么 $\mathscr{M}' \models p$；

(3) 如果 $\langle Tr, p; 0 \rangle \in \mathscr{M}'$，那么 $\mathscr{M}' \not\models p$。

为了证明(1)，我们首先注意到，不存在 p，满足 $\mathscr{M} \models p$ 并且 $\mathscr{M} \models \bar{p}$，因为 $\mathscr{M}$ 是融贯的。因此，在定义 $\mathscr{M}'$ 的第(2)步和第(3)步中，我们不把事态 σ 和它的对偶放入 $\mathscr{M}'$。然而，我们还必须核查清楚，我们在这些步骤中没有把已经在 $\mathscr{M}$ 中的某个元素的对偶放入该弱模型。这等于核查：

(4) 如果 $\langle Tr, p; 0 \rangle \in \mathscr{M}$，那么 $\mathscr{M} \not\models p$；以及

(5) 如果 $\langle Tr, p; 1 \rangle \in \mathscr{M}$，那么 $\mathscr{M} \not\models \bar{p}$。

这些都是该弱模型定义的直接推论。

其中(2)的证明几乎直接得自该弱模型定义，因此我们来证明(3)。设 $\langle Tr, p; 0 \rangle \in \mathscr{M}'$。那么，要么 $\langle Tr, p; 0 \rangle \in \mathscr{M}$，要么我们已经在第(3)步中添加该事态，因为 $\mathscr{M} \models \bar{p}$。但是，如果 $\langle Tr, p; 0 \rangle \in \mathscr{M}$，那么按照见证条件，就有 $\mathscr{M} \models \bar{p}$。因此，在这两种每种情况下，都有 $\mathscr{M} \models \bar{p}$，并因而有 $\mathscr{M}' \models \bar{p}$。但是，如果 $\mathscr{M}' \models p$ 也成立，那么就会存在一个 $s \subseteq \mathscr{M}'$，使得 $s \models p \models \bar{p}$。然而，按照引理 5，$s$ 就包含某个事态和它的对偶。但是，这与(1)相矛盾。

现在，直接在该运算下封闭 $\mathscr{M}$。常规地检查下述问题即可，即封闭模型 $\mathscr{M}^*$ 是一个弱模型，并且是殆语义封闭的。$\square$

下面是封闭定理的一个直接推论。

系理 11 一个弱模型包含于一个殆语义封闭模型,当且仅当,它包含于一个满足见证条件的弱模型。

这个系理(corollary)表明了满足见证条件的弱模型的重要性。我们将把这样的弱模型称为可封闭弱模型(closable weak models,或者 cw-models)。一个可封闭弱模型的一种重要实例就是不包含语义事实的任何弱模型。所有这样的弱模型都平凡地满足见证条件,因而都是可封闭的,这一点在定理 9 中已被注意到了。

现在,我们利用"殆语义封闭模型"概念所体现的封闭条件来定义此世界的一个"模型"和一个"极大(maximal)模型"概念。在极大模型中,**真**和**假**的表征方式最接近我们的前理论直觉。

定义 9 此世界的一个模型是殆语义封闭的任何弱模型 $\mathcal{M}$。一个极大模型是不真包含于任何其他模型 $\mathcal{N}$ 的一个模型。

我们把殆语义封闭模型简称为**模型**,这使我们的术语有点混淆和缠绕。尤其需要注意的是,弱模型,甚至可封闭弱模型,并非总是模型。不过,著名的逻辑学家也并非总是逻辑学家。

定理 9 向我们保证存在模型,而封闭定理则给了我们把弱模型扩充为模型的充分条件。我们看到,模型远好于弱模型。对于模型具有而弱模型一般不具有的自然表现,命题 8 给我们提供了一个例子。下面这个命题给我们提供一个工具,用于表明每个可封闭弱模型都可以被扩充为一个极大模型。

命题 12 一列递增的可封闭弱模型的**并**(union),是一个可封闭弱模型。

证明:给定如果 $\mathcal{M} \subseteq \mathcal{N}$ 和 $\mathcal{M} \models p$,那么 $\mathcal{N} \models p$,则该证明是一种常规证明。这是第 68 页的练习 28 的直接的明显结果,但这由 *PROP* 的最初定义也容易得出。□

系理 13 每个模型都可以被扩充为一个极大模型。更一般地说,任何可封闭弱模型都可以被扩充为一个极大模型。

证明:我们已经看到,一个可封闭弱模型可以被扩充为一个模型。

从这里出发,按常规方式,把所有事态列举为一个无穷序列 σ_α,其中 α 的值域(ranges)为序数。给定一个可封闭弱模型 $\mathscr{M}_\alpha$,我们把 $\mathscr{M}_{\alpha+1}$ 视为一个包含 $\mathscr{M}_\alpha \bigcup \{\sigma_\alpha\}$ 的可封闭弱模型,如果存在这样一个可封闭弱模型的话,否则,就视为 $\mathscr{M}_\alpha$。像通常的情况那样,我们的**并**都是极限序数的并。命题 12 向我们保证,终极限(the final limit)和那些**并**都是可封闭弱模型。终极限必定是一个极大模型。□

85　**练习 34**　证明一系列模型的**并**不一定是一个模型。

　　练习 35　对比前一练习,证明一系列递增模型 $\{\mathscr{M}_\alpha \mid \alpha$ 是一个序数$\}$ 的**并**是一个模型,其中该汇集是由所有序数来索引的。运用它给出系理 13 的另一种证明。

第 3 节　克里普克结构与其他封闭条件

　　我们来考察"见证条件",以及"模型"和"极大模型"概念,以试图在罗素架构中来拯救 T-模式下的直觉核心。考察罗素阐释,发现它与克里普克的说谎者悖论的固定点方案具有一种惊人的类似。为了阐述这种类似,我们来简单地回顾一下克里普克的阐释。

　　克里普克处理的是语句,而不是命题。他的思想是,真语句集一定是某种单调赋值模式的一个"固定点"。他通过考察一种赋值模式来详细阐述他的思想,这种赋值模式与克林强三值逻辑(Kleene's strong three-valued logic)联系在一起。为了证明固定点的存在,他运用这种赋值模式定义了一个程序,借以从一个标准的一阶模型和某个语句集的序对 $\langle T_0, F_0 \rangle$ (它们被称作是初始真的和初始假的)来出发。于是,运用像如果 $\varphi \in T_\alpha$ 那么 $(\text{True } \varphi) \in T_{\alpha+1}$ 和 $\neg(\text{True } \varphi) \in T_{\alpha+1}$ 那样的条件,克里普克利用这种赋值模式定义了语句集的序对 $\langle T_\alpha, F_\alpha \rangle$ 的一个超穷序列。一般来说,该程序将不给人任何合理的东西。例如,如果你从 T_0 或者 F_0 中的说谎者句来出发,那么无论你是否愿意,都会出现循环。但是,如果你从序对⟨∅,∅⟩出发,或者从满足类似于我们的见证条件的某种条件的序对出发,那么你在适当时候就会达到一个固定点①⟨T_∞,F_∞⟩,这里的两个集合是不相交的,正如它们应当如此那样。在这样的固定点中,像说谎者句那样的语句将既不出现于 T_∞ 也不出现于 F_∞,因此在最终的赋值中就只能是间隙。

如果我们认为该初始模型在确定语句的真值时不涉及真,那么固定点的这种构造过程,就可以被视为对包含谓词"真"的语句以复杂的递增方式进行逐步赋值的过程。当我们这样来看待它时,那么自然的出发点就是序对⟨∅,∅⟩,因为这种阐释提示,一个语义句必须"从下面"来获得它的真值,从套嵌较少谓词"真"的语句的真值来获得它的真值。这个出发点产生所谓的**克里普克最小固定点**(Kripke's least fixed point)。可以说,克林赋值模式的最小固定点取代塔斯基的阐释而成为说谎者悖论的权威解决方案。

然而,这并不是克里普克本人的观点,虽然往往被认为是这样。克里普克本人没有承诺克林模式,或者任何模式的最小固定点。他的论述是,真应当是这种或那种模式的一个固定点。在这方面,罗素阐释完全契合克里普克的实际观点,虽然它不契合对于他的观点的通常误解。我们的"殆语义封闭模型"概念只不过是对于"真"的一种固定点要求,这属于克里普克认同的一种观念,我们的封闭定理的证明密切地对应于他的最小固定点结构。

这就是克里普克结构(Kripke's construction)与我们的封闭定理证明的类似。看一看第 82 页定理 9 展示的我们从一个不包含语义事实的弱模型 𝓶 出发的那种特定情况。按照该定理,存在一个最小模型 𝓶* 包含 𝓶。如果我们把涉及信念的语句放在一边(克里普克不处理它们),并且把**真**和**假**的分配视为对于这种模型而言是**内部的**(internal),那么我们将发现,它完全对应于克林赋值模式的最小固定点。也就是

①　也就是说,一个等于⟨$T_{\lambda+1}$,$F_{\lambda+1}$⟩的序对⟨T_λ,F_λ⟩。

说，$\mathcal{M}^*$ 包含 $\langle Tr, Exp(\varphi); 1 \rangle$，当且仅当，$\varphi \in T_\infty$；这对于**假**是类似的道理。

关于这种类似，有两个有趣之处。第一点有关于真值"间隙"是如何出现于这两种解决方案的。请注意，按照我们的方案，对于任何弱模型 $\mathcal{M}$ 而言，每个命题要么由 $\mathcal{M}$ 而成为真的，要么由 $\mathcal{M}$ 而成为假的（即不由 $\mathcal{M}$ 而成为真的）。在这种意义上，我们的逻辑完全是二值的，因而在这种意义上截然不同于克里普克的方案。然而，如果我们考虑在 $\mathcal{M}$ 中为真或为假的命题类，那么间隙确实就出现了，正像在任何克里普克固定点中那样。例如，$\langle Tr, f; 1 \rangle$ 和 $\langle Tr, f; 0 \rangle$ 没有一个可以在弱模型 $\mathcal{M}$ 中。殆语义封闭弱模型充斥很多这种内部间隙。例如，"内部"真和"外部"真（"internal" and "external" truth）共存于这样的模型。但是，内部假和外部假（internal and external falsity）却不共存于任何模型，这再次是由于类说谎者命题（Liar-like propositions）的原因。现在，我们不把（由 $\mathcal{M} \nvDash p$ 捕捉到的）p 的**非真**的前理论概念等同于它的否定的真（$\mathcal{M} \vDash \bar{p}$）。但是，如果我们把它们等同起来，那么不可避免的内部间隙就会表现为真正的真值间隙，因此某种形式的三值逻辑确实就会在我们的语义学中直接成立。然而，这种标准"未定义"的克里普克的第三值解释，在罗素阐释中是相当不自然的，因为一个命题不真就是不真。

克里普克看起来在脚注中提示，在他的解决方案中出现的真值间隙应当链接到语句的而不是命题的真值分配。按照这种观点，当一个语句不表达命题时，就会出现间隙；在这种情况下，该语句既不要求值为真，也不要求值为假。这样的真值间隙阐释就会承诺断言说谎者句根本不能被用于表达命题。正如我们已经观察到的，这样一种阐释是不完备的，它没有从原则上说明为何这个特定语句具有这种性质。不用说，按我们对于罗素说谎者命题的处理，"内部"间隙不能被归结于语句不表达命题。

我们的方案与近来其他解决方案的一个分歧，涉及如何指派真值的问题。克里普克的文章的很多读者都把说谎者悖论提出的问题，视为找到正确的赋值模式和正确固定点以形成直觉满意的**真**的定义的问题。对比而言,我们的目标不是**真**的一种定义,而是探求**真**的性质的某些非常基本直觉的有关推论。在这方面,我们的罗素阐释与很多竞争的"真"概念都是协调的(compatible);的确,它与满足在我们的模型定义中的那些基本条件的任何"真"概念都是协调的。

我们以关于前理论的 T -模式与我们的三个封闭条件(T -封闭、F -封闭和 N -封闭)之间关系的某些普遍观察结果来结束本节,这些观察结果涉及比较罗素阐释与其他阐释,包括克里普克的阐释。乍一看,似乎奇怪的是,一个模式产生三个非等价的封闭条件。为理解为什么出现这种情况,我们可以从这些封闭条件出发来追溯这种直觉模式。为了便于指称,我们这里重述这三个条件。

(T) $\mathcal{M} \models [Tr\ p]$ iff $\mathcal{M} \models p$。

(N) $\mathcal{M} \models [Fa\ p]$ iff $\mathcal{M} \models \bar{p}$。

(F) $\mathcal{M} \models [Fa\ p]$ iff $\mathcal{M} \not\models p$。

关于这些封闭条件,首先需要注意的是,它们都是有关于模型和命题的条件,因而都是在一个较高("元")层次上来表述的。(的确,假如我们处理的是语句而不是命题,那么这些条件就本会只有在元语言中才是可表达的,但由于我们处理的是命题,所以不宜区分对象语言与元语言。)为了把这些条件与它们的较低层次的条件(即不涉及"一个模型使一个命题为真"的概念的条件)相互联系起来,我们需要废止对于世界 $\mathcal{M}$ 的明确指称,以及对于世界与命题之间关系 $\models$ 的明确指称。然而,在采取这种措施之前,我们还要注意,在它们的"元"公式中,T -封闭和 N -封闭,在它们表达关于关系 $\models$ 的肯定范围(positive extent)的必要和充分条件的意义上,都是肯定条件。对比之下,F -封闭表达的是 $\models$ 的肯定范围与否定范围(negative extent)之间的一种必要和充分条件。

去掉指称 $\mathcal{M}$ 和 $\models$,以及删去我们的缩写"$[Fa\ p]$",前两个封闭条件的相互关系就可以表达如下。

$$(T_*)\ \lceil Tr\,p \rceil \text{ iff } p。$$

$$(N_*)\ \overline{\lceil Tr\,p \rceil} \text{ iff } \bar{p}。$$

在如此公式表达下，N_* 看起来是由简单否定 T_* 的两边而得到的。鉴于 N-封闭不是由 T-封闭得出的，这表明在从这些条件的较高层次到较低层次的版本转换中出现了某种混淆。然而，这两个条件都是可满足的，因此这种混淆看起来可能不太重要。但是，我们现在来考虑联系最紧密的第三个封闭条件，

$$(F_*)\ \lceil Tr\,p \rceil \text{ iff } \bar{p}。$$

89　　F_* 与 N_* 是同一模式，即使 N-封闭是可满足的条件而 F-封闭却是不可满足的条件。这是一种非常误导人的混淆，是 $\mathscr{m} \models \bar{p}$ 和 $\mathscr{m} \not\models p$ 塌陷为同一事物的结果。

　　又一次，假如我们处理的是语句而不是命题，以及假如对象语言包含谓词"真"，那么 T_*、N_* 和 F_* 在对象语言中就都是可表达的，这不同于初始条件 T，N 和 F。这是极其重要的一点，因为说谎者悖论的很多语义阐释都声称满足 T-模式背后的直觉，但结果却发现那些直觉抵牾 T-模式的某个对象语言版本，即一种类似于 T_* 的条件。这样的阐释至多满足 T-封闭和 N-封闭；它们不满足 F-封闭背后的重要直觉，无论在对象语言中是否存在足够的方式来实施这种条件。通常，这种失败将在强化说谎者悖论中浮现出来：由于观察到说谎者命题确实**不**是真的（即 $\mathscr{m} \not\models f$），一个评论者就可以诉诸由 F-封闭捕捉到的直觉，并追问为何这种观察的某种对象语言版本（对应于我们的 $\lceil Fa\,f \rceil$）不是真的。当然，它不可能是真的，因为它就是说谎者命题本身。

　　练习 36　按照上述的探讨，回过头来重新分析第 21 页的那个论证，即从 T-模式的命题版本直接得到一个矛盾的那个论证。

第4节 见证函数

回想一想,本书的长期目标之一是联系起来这两种解决方案,即奥斯汀解决方案和罗素解决方案,以使我们能够领会每种方案必须如何对待那些表达像说谎者命题那样的问题命题的语句。为了做好这一点,我们就需要分析表达问题命题的那些语句,这又反过来要求分析一个命题什么时候是"问题命题"。在罗素解决方案中,这可以被归结于给定的命题 p 在某个模型 $\mathcal{m}$ 中何时为真的问题,或者更一般地讲,p 在 $\mathcal{m}$ 的某个扩充 $\mathcal{n}$ 中何时为真的问题。结果是,封闭定理允许我们运用我们称作见证函数(witnessing functions)的东西来明确表达这样的考察。但是,这种考察是有点技术性的,因此读者可能希望把本节推迟至第11章。在此之前,我们仅把见证函数运用于一些简单结果的证明和几个练习。但是,见证函数在这两种情况中都可以相当容易地被回避开来。

为了理解下述定义,回想一想普通命题逻辑的一项常用技术是有助益的。有时,人们从一个命题和一个期望真值来追溯:为了使初始命题获得目标真值,必须给其构成要素指派什么真值,而不是构造一个完整的真值表。在当前语境中,"见证函数"概念就捕捉到这种思想。该概念还类似于在无穷逻辑模型论中使用的"相容性质"概念[有时被称作辛迪卡集(Hintikka set)]。[①]

定义 10

(1) 一个见证函数 w 是从 $PROP$ 到 SIT 的一个偏函数(partial function),满足下列条件:

$\diamond$ 如果 $p = [a\ H\ c] \in dom(w)$,那么 $\langle H, a, c; 1 \rangle \in w(p)$;

◇ 如果 $p=\overline{[a\ H\ c]}\in dom(w)$，那么 $\langle H,a,c;0\rangle\in w(p)$；

◇ 如果 $p=[a\ Bel\ q]\in dom(w)$，那么 $\langle Bel,a,q;1\rangle\in w(p)$；

◇ 如果 $p=\overline{[a\ Bel\ q]}\in dom(w)$，那么 $\langle Bel,a,q;0\rangle\in w(p)$；

◇ 如果 $p=[\wedge P]\in dom(w)$，那么 $P\subseteq dom(w)$，并且对于每个 $q\in P$ 而言，$w(q)\subseteq w(p)$；

◇ 如果 $p=[\vee P]\in dom(w)$，那么存在 $q\in(P\bigcap dom(w))$，$w(q)\subseteq w(p)$；

◇ 如果 $p=[Tr\ q]\in dom(w)$，那么 $q\in dom(w)$，并且 $w(q)\bigcup\{\langle Tr,q;1\rangle\}\subseteq w(p)$；

◇ 如果 $p=[Fa\ q]\in dom(w)$，那么 $\overline{q}\in dom(w)$，并且 $w(\overline{q})\bigcup\{\langle Tr,q;0\rangle\}\subseteq w(p)$。

（2）如果集合 $\mathcal{M}=\bigcup\{w(p)\mid p\in dom(w)\}$ 是融贯的，那么见证函数 w 就是融贯的。更一般地讲，如果集合 $\mathcal{M}=\mathcal{M}_0\bigcup\bigcup\{w(p)\mid p\in dom(w)\}$ 是融贯的，那么见证函数 w 与集合 $\mathcal{M}_0$ 就是协调的。

（3）如果一个命题 p 在某个融贯的见证函数 w 的定义域（domain）中，那么 p 就是相容的；如果命题 p 在某个与 $\mathcal{M}_0$ 协调的见证函数的定义域中，那么 p 与 $\mathcal{M}_0$ 就是相容的。

例 9　请考虑言真者命题 $t=[Tr\ t]$。如果我们令 $w_0(t)=\{\langle Tr,t;1\rangle\}$，那么 w_0 就是 t 的一个融贯的见证函数。但是，如果我们令 $w_1(\overline{t})=\{\langle Tr,t;0\rangle\}$，那么 w_1 也是 t 的否定的一个融贯的见证函数。

例 10　不存在一个融贯的见证函数 w，它既被定义在说谎者命题 f 上又被定义在它的否定 $\overline{f}$ 上。例如，如果 $w(f)$ 是得到定义的，那么 $\langle Tr,f;0\rangle\in w(f)$，并且 $w(\overline{f})\subseteq w(f)$。但是，$w(\overline{f})$ 肯定包含事态 $\langle Tr,f;1\rangle$。

相容命题的定义可以由下述定理来证明。

定理 14（模型存在定理）　一个命题 p 是相容的，当且仅当，存在一个模型 $\mathcal{M}$，使得 p 在 $\mathcal{M}$ 中是真的。更一般地说，命题 p 对于一个模型 $\mathcal{M}_0$ 是相容的，当且仅当，存在一个模型 $\mathcal{M}\supseteq\mathcal{M}_0$，使得 p 在 $\mathcal{M}$

中是真的。

证明:这个证明的两个方向都不是很难。对于⟸半部来说,我们需要表明如何从一个模型引出一个见证函数。对于⟹半部来说,我们要表明如何从一个见证函数引出一个可封闭弱模型,以及如何运用封闭定理。

(⟸)首先假设 p 在某个模型 $\mathscr{M} \supseteq \mathscr{M}_0$ 中是真的。我们可以假设 $\mathscr{M}$ 是一个集合而不失一般性。令 P 是包含 p 的一个命题集,并且在构成要素的获得和否定的构造下封闭。令 $Q = \{q \in P \mid True_{\mathscr{M}}(q)\}$,令对于所有 $q \in Q$ 而言,$w(q) = \mathscr{M}$。容易看出,这就是与 $\mathscr{M}_0$ 协调的一个见证函数。

(⟹)设 p 对于 $\mathscr{M}_0$ 来说是相容的,即存在一个见证函数 w_0,它定义在 p 上,并且与 $\mathscr{M}_0$ 是协调的。我们可以把 w_0 扩充为一个见证函数 w_1,它定义在 $[Tr\ p]$ 上,并且与 $\mathscr{M}_0$ 也是协调的。令 $\mathscr{M}_1$ 是 w_1 的值域的并。容易看出,$\mathscr{M}_1$ 是一个可封闭弱模型,并因而包含于某个模型 $\mathscr{M}$。由于 $\langle Tr, p; 1\rangle \in \mathscr{M}$,所以 $True_{\mathscr{M}}(p)$。□

练习 37 给说谎者循环 p_1, p_2, q 构造一个见证函数,即这三个命题都在它的定义域中的见证函数。证明任何这样的见证函数都必定是不融贯的。

练习 38 请考虑命题 $p = [a\ H\ 3\clubsuit] \vee [Tr\ p]$。运用见证函数来证明:(1)命题 p 在 a 有梅花三的任何模型 $\mathscr{M}$ 中都是真的;(2)存在模型 $\mathscr{N}$,满足 a 没有梅花三,但命题 p 却是真的。

练习 39 (扩充模型存在定理)如果一个命题集 P 是某个融贯见证函数 w 的定义域的一个子集,那么我们就称命题集 P 是相容的;如果 P 是某个见证函数的定义域的一个子集,该见证函数与 $\mathscr{M}_0$ 是协调的,那么 P 对于 $\mathscr{M}_0$ 而言就是相容的。证明下面是模型存在定理的一个推论。

一个命题集 P 对于一个模型 $\mathscr{M}_0$ 来说是相容的,当且仅当,存在一个模型 $\mathscr{M} \supseteq \mathscr{M}_0$,使得 P 的每个命题在 $\mathscr{M}$ 中都是真的。

这个结果将在下面用到。

索尔·克里普克在私人通信中告诉我们，他在关于语义表列(tableaux)和强克林模式的工作中独立获得了类似于上述的结果。这些将被适时发表。

第5节 悖论性罗素命题

在既由一个模型而为真又由该模型而为假（即由该模型而不为真）的意义上，没有罗素命题是悖论性的。因此，当然没有命题在任何模型中既是真的又是假的。但是，像说谎者命题那样的命题仍然表现异常。虽然它们由每个模型而为假，但这必须被处理为第二类事实，即不是该模型本身部分的那类事实。因为这些命题在一个模型中不可能具有一个真值，即使在一个极大值模型中也不可能。我们遵循克里普克，运用这种特征来定义悖论命题。

定义 11

◇ 一个命题 p 在一个模型 $\mathcal{M}$ 中是悖论性的，如果对于任何极大模型 $\mathcal{N} \supseteq \mathcal{M}$ 而言，$True_{\mathcal{N}}(p)$ 和 $False_{\mathcal{N}}(p)$ 都不成立。

◇ 对于一个经典命题 p，我们的意思是指，它在任何模型中都不是悖论性的，即对于每个极大模型 $\mathcal{M}$ 而言，要么 $True_{\mathcal{M}}(p)$ 成立，要么 $False_{\mathcal{M}}(p)$ 成立。

◇ 在某些模型中是悖论性的但在其他模型中不是悖论性的命题，被称为偶然悖论命题。

例 11 说谎者命题是内在悖论性的，即非偶然悖论性的。然而，下述命题却是偶然悖论性的：

$$p = [a\ H\ A\spadesuit] \vee [Fa\ p].$$

这个命题在 a 有黑桃幺的那些极大模型中是真的，而在其他模型中则都是悖论性的。

下面是刚引进的一些概念的一种简单而有用的重新表述。

命题 15

◇ 设 $\mathcal{M}$ 是一个极大模型，并且 p 在 $\mathcal{M}$ 中不是悖论性的。那么，$\mathcal{M} \not\models p$，当且仅当 $\mathcal{M} \models \bar{p}$。

◇ 一个命题 p 是经典的，当且仅当 p 的否认蕴涵它的否定，也就是说，对于每个极大模型 $\mathcal{M}$ 而言，如果 $\mathcal{M} \not\models p$，那么 $\mathcal{M} \models \bar{p}$。

经典命题可以使人忽略不计一个极大模型使它们为真或为假与它们在该极大模型中为真或为假之间的不同。这样的命题完全满足经典命题逻辑的要求。

定理 16

(1) 言真者命题是经典的。

(2) 言真者命题在某些极大模型中是真的，在其他极大模型中则是假的。

证明：我们首先证明 (1)。令 $\mathcal{M}$ 是任何极大模型，满足 $\mathcal{M} \not\models t$。我们需要证明 $\mathcal{M} \models \bar{t}$，即 $\mathcal{M} \models [Fa\ t]$。令 w_1 是在第 91 页的例 9 中所定义的见证函数。由于 $\mathcal{M} \not\models t$，所以 w_1 与 $\mathcal{M}$ 是协调的。但是，按照模型存在定理和 $\mathcal{M}$ 的极大性，正如所期望的那样，$\mathcal{M} \models [Fa\ t]$。为了证明 (2)，请注意例 9 的 w_0 和 w_1 都是融贯的，因此从模型存在定理便可以得到结果。□

上述第 (2) 条支持言真者命题为真，这是人人都有的一种直觉。的确，不用改变上述证明，那个结果就可以得到强化，以表明如果你从任何不包含语义事实的弱模型出发，那么它既可以被扩充为一种模型，其中 t 是真的，也可以被扩充一种模型，其中 t 是假的。

不但言真者命题是经典的，而且你运用标准运算在一种非循环方式中由它而构建的任何命题也都是经典的。这蕴涵于下列对于经典命题所成立的封闭性。

命题 17

(1) 经典命题的汇集包含所有非语义原子命题，即不以 Tr 为直接构成要素的所有原子命题。

（2）经典命题都是在 $\wedge$，$\vee$ 和否定下封闭的。

（3）命题 p 是经典的，当且仅当 $[Tr\ p]$ 是经典的，当且仅当 $[Fa\ p]$ 是经典的。

（4）这些相同的封闭条件，对于在一个给定极大模型中的非悖论命题，都是成立的。

证明：这些都是常规证明。□

虽然言真者命题是经典的，但它也完全不同于如下命题：

$$p=[Tr\ [\text{Max}\ H\ 3\Diamond]].$$

虽然这两个命题都是关于命题的命题，但不同于前者，后者的真是按照非语义事实而自动确定的。利用手头的概念，人们容易区分开来这两种经典命题。如果一个命题在包含可封闭模型 $\mathcal{M}$ 的最小模型中具有一个真值（换句话说，它在那个模型中是真的要么是假的），那么我们就称该命题在 $\mathcal{M}$ 上是**有根基的**（grounded）。对比而言，如果一个命题在包含 $\mathcal{M}$ 的所有极大模型中都有一个唯一的真值，那么我们就称该命题在 $\mathcal{M}$ 上有一个确定真值。[①] 注意，在 $\mathcal{M}$ 上有根基的任何命题都自动地在 $\mathcal{M}$ 上具有确定真值，但反之则不然。对于任何可封闭模型 $\mathcal{M}$ 而言，这对于经典命题都做出三分：有根基命题，无根基但有确定真值的命题和没有确定真值的命题。

我们来考虑这三种命题的例子。令 $\mathcal{M}$ 是一个不包含语义事实的可封闭弱模型。那么，言真者命题 t 在 $\mathcal{M}$ 上就没有确定真值（因此，它在 $\mathcal{M}$ 上当然也不是有根基的）。但是，如果 $\mathcal{M}$ 包含形如 $\langle H, \text{Max}, 3\Diamond; i\rangle$ 的事态，那么上述命题 p 在 $\mathcal{M}$ 上就是有根基的（因此，它还具有一个确定真值）。对于无根基但有确定真值命题的例子，请考虑命题：

$$[Tr\ t]\vee[Fa\ t].$$

这个命题在 $\mathcal{M}$ 上是无根基的，该事实可以由定理 16 的证明而获得，因

---

① 这些定义类似于 Kripke(1975)给出的那些定义。

为那个证明表明，t 在 $\mathcal{M}$ 的某些扩充中是真的，而在其他扩充中则是假的。但是，按照定理 16 的第(1)条，这个命题具有一个确定真值，即真。

最后，我们应当指出，有一些小瑕疵潜伏在语句与其表达的命题之间，其原因主要是在于我们约定把公式 $\varphi(\text{this})$（包含一个自由的 this）用作相关语句 $\downarrow \varphi(\text{this})$ 的缩写。例如，

(5.1) $(\text{Claire Has } A\spadesuit \vee \text{True(this)})$

这个语句表达一个经典命题。然而，(5.1)表达的命题在某些模型中是真的，但(5.1)的两个析取支在这些模型中都不表达真命题，也就是说，下列两个命题在这些模型中都不表达真命题：

(5.2) $\text{Claire Has } A\spadesuit$

(5.3) True(this)

这里的原因在于 this 的辖域发生变化。相反，

(5.4) $(\text{Claire Has } A\spadesuit \vee \downarrow \text{True(this)})$

这个语句表达的命题是真的，仅当这两个析取支表达的命题至少有一个是真的。一般地，表达经典命题的现实语句具有所期望的逻辑表现。

96

练习 40   下述命题是偶然悖论性的：

$$p = [\overline{[\textit{Claire H A}\spadesuit]} \wedge [Tr\ p]]$$

它的悖论偶然出现于什么事态上呢？

练习 41   回顾第 74 页的练习 31 的下列两个命题。

$$p = [\overline{[Tr\ p] \wedge [Tr\ q]}]$$

$$q = [[Tr\ p] \wedge [Tr\ q]]$$

假设 $\mathcal{M}$ 是一个可封闭弱模型，它不包含语义事实。那么，p 和 q 在 $\mathcal{M}$ 上是有根基的吗？它们在 $\mathcal{M}$ 上具有确定真值吗？

第6章　罗素阐释的推论

第1节　更多例子分析

现在考察第 1 章给出的某些其他例子,以看看它们按照这种命题观念会出现什么情况。我们先来考察说谎者循环。它是在罗素观念下与在奥斯汀观念下具有不同表现的实例之一。我们把下述命题的证明留给读者,因为它仅仅运用到关于说谎者循环命题的标准推理。

命题 18　令 $p_1, \cdots, p_n$ 和 q 是一个说谎者循环,正像在第 65 页的例 4 中描述的那样。那么,这些命题的每个命题都是内在悖论性的。

接着请考虑这样的情况,两个人每人都用"彼命题"来指称另一个人的断言,从而断定下述命题:

本命题是真的而彼命题是假的。

我们希望,命题 p_0 和 p_1 满足下列方程

$$p_0 = [Tr\ p_0] \wedge [Fa\ p_1],$$

$$p_1 = [Tr\ p_1] \wedge [Fa\ p_0]。$$

直觉上,我们期望这些命题是完好的经典命题,就像言真者命题那样。

在一个极大模型中,一个命题应当是真的,而另一个命题则应当是假的。应当存在不同种类的极大模型:存在一类模型,其中 p_0 是真的(因而 p_1 在其中是假的),而且应当存在其他模型,其中 p_1 是真的(因而 p_0 在其中是假的)。

遗憾的是,情况并非完全如此。AFA 确实保证存在这样的命题,但它还保证得更多。也就是说,它保证它们是**同一**命题。为什么?因为它们具有完全相同的结构,所以为它们建模的集合实际上就将是相同的。因此,我们真正具有的命题不过是声称自己既真又假的命题,即在每个极大模型中都为假的命题。

我们有两种方式来看待这种塌陷。根据其中一种,这种塌陷是我们的建模过程中的一种人为现象:应当区别开来的东西,在这里却被建模为相同的集合。这类似于众所周知的用集合来建模性质这个问题,即具有相同外延的不同性质都被建模为相同的集合。对于这条线路,我们确实应当在建模命题中赋予自己更多的自由。这很容易解决,比如,只允许自己使用"索引"命题就行了。如果我们这样做,那么这个例子的结果就会像我们的直觉所要求的那样。

我们没有赋予自己这种自由,部分是因为单独这个例子看起来不足以重要得使整个探讨复杂到那种程度。无论如何,通过考察这个例子的一种稍微修正版本,可以得出一种相似的观点,其中的命题满足下列方程。

$$q_0 = [Tr\ q_0] \wedge [Fa\ q_1],$$
$$q_1 = [Tr\ Tr\ q_1] \wedge [Fa\ q_0].$$

这些命题具有不同的结构,因而是不同命题。而且,它们都是经典命题,在所有极大模型中都具有相反的真值。但是,它们不具有确定真值:存在某些模型,其中 q_0 是真的,而 q_1 则是假的,并且存在相反情况的模型。

然而,可能还有其他事物出现于 q_0 和 q_1 的塌陷。或许,这种塌陷不仅是建模的一种人为现象,而且还预示某种东西对于命题的本性来说是重要的。毕竟，在这个实例中，究竟是什么让人产生存在**两个**命题而不是一个命题的直觉呢？或者，换句话说，假如我们在模型中引进这样的索引命题，那么这两个不同的"索引命题"本会**表征**什么呢？或许，存在两个不同命题这种直觉产生于事实上存在两句话，涉及两位说者，每位说者的断言都以另一位或另一句话为构成要素。换言之，该索引命题必须表征关于具体话语的使命题变得独特的某种东西。这种看待它的方式实际上就是奥斯汀命题观念的一种动机，我们很快就来探讨它。

接着请考虑这样一个例子，麦克斯相信他的信念是假的。这是由罗素命题建模的：

$$p=[\text{Max }Bel\ p]\wedge[Fa\ p]。$$

这个命题是偶然悖论性的。在麦克斯不相信 p 的那些极大模型中，它是假的；而在他确实相信 p 的那些极大模型中，它是悖论性的。然而，人们会错误地认为，这个命题与信念有很大关系，因为这种观察结果是极具普遍性的。的确，我们可以把偶然悖论命题的各种例子都综合为一种观察结果，它既涵盖这个例子又涵盖上一章的例 11。

命题 19 假设 $p=q\vee[Fa\ p]$，$r=q\wedge[Fa\ r]$，其中 q 是偶然命题（即在某些模型中是真的，而在其他模型中则是假的）。[①] 那么，p 和 r 都是偶然悖论命题。的确，p 在 q 为真的模型中是真的，在其他模型中则是悖论性的，而 r 在 q 为假的模型中是假的，在其他模型中则是悖论性的。

确立这个命题的推理，有关于第 1 章描述的像克里普克的偶然说谎者循环那样的例子分析。请考虑下列方程给出的三个命题。

$$p_1=[Max\ H\ 3\clubsuit],$$
$$p_2=[Tr\ q],$$
$$q=[Fa\ p_1]\vee[Fa\ p_2]。$$

---

① 也许，p 或 r 是 q 的构成要素，或者两者都是 q 的构成要素。

如果 $\mathcal{M}$ 是一个模型,包含事实 $\langle H, \mathrm{Max}, 3\clubsuit; 0\rangle$,那么容易看出,$p_1$ 在 $\mathcal{M}$ 中是假的,而 p_2 和 q 在 $\mathcal{M}$ 中则是真的。然而,任何模型,包含事实 $\langle H, \mathrm{Max}, 3\clubsuit; 1\rangle$,都可以使 p_2 和 q 成为假的,但它们在任何这样的模型中都将不是假的。因此,它们在这样的模型中都是悖论性的,所以按照我们的定义,它们都是偶然悖论性的。

虽然我们的解决方案不包括这个条件句,但我们仍然可以运用命题 19 为**勒伯悖论**提供一定的线索。回顾该悖论涉及的下述语句:

　　(δ)如果本命题是真的,那么麦克斯有梅花三。

如果我们仅给该条件句以实质读法,[①]那么我们便得到 δ,它表达如下命题:

$$p = [Fa\ p] \vee [\mathrm{Max}\ H\ 3\clubsuit].$$

按照上述结果,它是偶然悖论性的。如果麦克斯有梅花三,那么它是真的;否则,它便是悖论性的。这符合一种直觉,即如果麦克斯没有梅花三则 δ 表达的命题是悖论性的。

我们来看**古普塔疑难**的情况。假设我们有一个模型 $\mathcal{M}$,其中克莱尔有梅花幺而麦克斯则没有,即 $\langle H, \mathrm{Claire}, A\clubsuit; 1\rangle$ 和 $\langle H, \mathrm{Max}, A\clubsuit; 0\rangle$ 都在 $\mathcal{M}$ 中。请考虑下列 5 个命题,R 断定前 3 个命题,而 P 则断定后两个。

R 的断言:

$$r_1 = [\mathrm{Max}\ H\ A\clubsuit]$$
$$r_2 = [Tr\ p_1] \wedge [Tr\ p_2]$$
$$r_3 = \overline{r_2}$$

P 的断言:

$$p_1 = [\mathrm{Claire}\ H\ A\clubsuit]$$

---

① 事实上,我们认为,实质读法不给该条件句提供足够的处理。假如我们希望更足够地阐释条件句,那么我们就应采用像 Barwise (1986)中描述的那种处理方法。

$$p_2 = [[Fa\,r_1] \wedge [Fa\,r_2]] \vee [[Fa\,r_1] \wedge [Fa\,r_3]]$$

如果 $\mathcal{M}$ 是极大的,那么古普塔用来证明 p_2 为真因而 r_2 为真和 r_3 为假的直觉推理就是完美的。我们知道,r_2 和 r_3 不可能在 $\mathcal{M}$ 中都是真的,因为它们做出了矛盾断言。的确,不难表明,它们这个或那个在 $\mathcal{M}$ 中必定是假的(参见练习49)。在这种情况下,p_1 和 p_2 在 $\mathcal{M}$ 中都是真的。因而,r_2 在 $\mathcal{M}$ 中是真的,而 r_1 和 r_3 在 $\mathcal{M}$ 中则都是假的。这就是所期望的结果。

另一种解决方法是,这 5 个命题在包含 $\langle H, \mathrm{Claire}, A\clubsuit; 1\rangle$ 和 $\langle H, \mathrm{Max}, A\clubsuit; 0\rangle$ 这两个扑克牌事实的任何模型中都具有确定真值,并且这些真值都是人们期望的真值。然而,它们在所有这样的模型上都不是有根基的。(更详细的阐述,请参见练习 49。)

最后,我们回头再看看**强化说谎者命题**。在 $\mathscr{L}$ 中,利用扩充的语义学,它们可以用下列一对语句来表达。

(λ_1)　$\neg\mathrm{True}(\mathrm{this})$,

(λ_2)　$\neg\mathrm{True}(\mathrm{that}_1)$。

关于这种情况的一种直觉是,上述第二个语句表达的命题密切相关于说谎者命题。这种直觉在罗素语义学中是得到支持的,因为 λ_2 与 λ_1 表达同一命题。遗憾的是,对于这种阐释,看起来也涉及一种麻烦。因为说谎者命题确实不是真的,但是没有一个真命题能表达这个事实。这种表达上的局限性是罗素阐释的一种严重缺陷。

这里有两个事物应当区分开来。一个是,λ_1 与 λ_2 表达同一命题,因此不可能一个是真的而另一个是假的。但是,这也许是我们建模命题的特定方式的一种人为现象。然而,另一个更为严重。由于说谎者命题仅能**由此世界**而成为假的,但它为假这个事实又**不在此世界中**,所以不存在表达说谎者命题不真的真命题。对于坚持像罗素观念的基本线路的任何阐释,这看起来都是内在的。

练习 42　回顾第 73 页的练习 30 的下列语句。利用见证函数,根据它们是否是经典的,偶然悖论性的或者内在悖论性的,来划分这些命题。这在多大程度上符合你的以前的直觉呢?

(1) $((\text{Claire Has }5\heartsuit) \wedge \neg(\text{True}(this)))$

(2) $((\text{Claire Has }5\heartsuit) \vee \neg(\text{True}(this)))$

(3) $((\text{Claire Has }5\heartsuit) \wedge \neg(\text{Claire Has }5\heartsuit)) \wedge \neg\text{True}(this)$

(4) $((\text{Claire Has }5\heartsuit) \wedge (\text{Max Has }5\heartsuit)) \wedge \neg\text{True}(this)$

(5) $((\text{Claire Has }5\heartsuit) \vee \neg(\text{Claire Has }5\heartsuit)) \vee \neg\text{True}(this)$

(6) $((\text{Claire Has }5\heartsuit) \vee \neg(\text{Claire Has }5\heartsuit)) \wedge \neg\text{True}(this)$

(7) $\neg\text{True}(this) \vee {\downarrow}\text{True}(this)$

(8) $\neg\text{True}(this) \vee \text{True}(this)$

(9) $\neg\text{True}(this) \wedge {\downarrow}\text{True}(this)$

(10) $\neg\text{True}(this) \wedge \text{True}(this)$

(11) $\neg\text{True}(\neg\text{True}(this))$

(12) $\text{True}(\neg\text{True}(\neg\text{True}(this)))$

(13) $\neg\text{True}(\text{True}(\neg\text{True}(this)))$

(14) $\neg\text{True}(\text{True}({\downarrow}\neg\text{True}(this)))$

练习 43 请考虑下列语句表达的命题 p_1 和 p_2:

$$\diamondsuit(\text{Claire Has }5\diamondsuit) \vee \text{True}(this)$$
$$\diamondsuit(\text{Claire Has }5\diamondsuit) \vee {\downarrow}\text{True}(this)$$

证明这两个命题都是经典的,并且没有一个蕴涵另一个,因为存在极大模型 $\mathscr{M}$,其中 p_1 是真的而 p_2 是假的,还存在极大模型 $\mathscr{N}$,其中 p_2 是真的而 p_1 是假的。(提示:利用见证函数。)特别地,这些命题在"克莱尔没有方块五"的所有模型上都没有确定真值。

练习 44 现在请考虑下列语句表达的两个命题 q_1 和 q_2:

$$\diamondsuit(\text{Claire Has }5\diamondsuit) \vee \neg\text{True}(this)$$
$$\diamondsuit(\text{Claire Has }5\diamondsuit) \vee {\downarrow}\neg\text{True}(this)$$

前一个练习提示这两个命题之间存在一种语义差异。

(1) 证明 q_1 和 q_2 都是偶然悖论性的。

（2）对比前一练习，证明 q_1 和 q_2 在同一极大模型中都是真的。这种对比提示，一种重要的不同在极大模型中消失了。

（3）证明存在可封闭弱模型 $\mathcal{M}$，其中 q_1 是真的，而虽然 $\mathcal{M}$ 使 q_2 成为真的，但 q_2 在 $\mathcal{M}$ 中却不是真的。相似地，证明存在可封闭弱型 $\mathcal{N}$，其中 q_2 是真的，而虽然 $\mathcal{N}$ 使 q_1 成为真的，但 q_1 在 $\mathcal{N}$ 中却不是真的。

练习 45 我们给出的关于偶然悖论命题 p 的每个例子都具有下述性质：如果 $\mathcal{M}_1$ 和 $\mathcal{M}_2$ 都是极大模型，其中 p 不是悖论性的，那么 p 在 $\mathcal{M}_1$ 和 $\mathcal{M}_2$ 中具有相同的真值，即 $True_{\mathcal{M}_1}(p)$ 当且仅当 $True_{\mathcal{M}_2}(p)$。为某种偶然悖论命题的举一个例子，使得这种性质不成立。

练习 46 说谎者命题由每个弱模型而成为假的，但它在任何弱模型中都不是真的或假的。两相对比，证明第 101 页的练习 42 的内在悖论命题之一在某个弱模型中是真的。这是拒斥把这些命题作为此世界的一种足够表征的另一个原因。

练习 47 证明每个模型都真包含于某个弱模型。

练习 48 在练习 49 中，我们将给出我们对于古普塔疑难的处理细节。在这里，我们介绍一种简单版本，它是这种处理的基本结构。

（1）请考虑下面的语句序列。

$$\varphi_1 : \text{True}(\text{that}_3)$$

$$\varphi_2 : \neg\text{True}(\text{that}_3)$$

$$\varphi_3 : \neg\text{True}(\text{that}_1) \lor \neg\text{True}(\text{that}_2)$$

令 r_1, r_2, p 是由该语句序列表达的命题序列。给出刻画这些命题的方程。

（2）证明任何可封闭弱模型与下列事态都是协调的：

$$\langle Tr, r_1 ; 1 \rangle$$

$$\langle Tr, r_2 ; 0 \rangle$$

$$\langle Tr, p ; 1 \rangle$$

（3）利用见证函数，证明 r_1 和 p 在任何极大模型中都是真的，而 r_2 在任何极大模型中则都是假的。因此，所有这些命题都具有确定真值。

(4)请考虑极小模型 $\mathscr{M}_0$，它包含某个非语义事实集。证明 r_1、r_2 和 p 都由 $\mathscr{M}_0$ 而成为假的。因此，虽然这些命题都具有确定真值，但它们没有一个是有根基的。

练习 49 这个练习将有助于读者充实对于古普塔疑难的探讨。令

$$\mathscr{M}_0 = \{\langle H, \text{Claire}, A\clubsuit; 1\rangle, \langle H, \text{Max}, A\clubsuit; 0\rangle\}。$$

(1)给出 $\mathscr{L}$ 的一个序列，包含 5 个语句，它们互联地表达古普塔疑难探讨的 5 个命题 r_1、r_2、r_3、p_1 和 p_2。

(2)证明如果 $\mathscr{M}$ 是一个可封闭模型，包含 $\mathscr{M}_0$，那么存在一个见证函数 w 与 $\mathscr{M}$ 是协调的，使得 $[Fa\ r_1]$、$[Tr\ r_2]$、$[Fa\ r_3]$、$[Tr\ p_1]$ 和 $[Tr\ p_2]$ 都在 w 的定义域中。

(3)证明如果 $\mathscr{M}$ 是一个极大模型，包含 $\mathscr{M}_0$，那么 r_1 和 r_3 在 $\mathscr{M}$ 中都是假的，而 r_2、p_1 和 p_2 在 $\mathscr{M}$ 中则都是真的。因此，所有这些命题在 $\mathscr{M}_0$ 上都具有确定真值。

(4)令 $\mathscr{M}_1$ 是一个极小模型，包含 $\mathscr{M}_0$。证明 r_2，r_3 和 p_2 都由 $\mathscr{M}_1$ 而成为假的。得出这些命题在 $\mathscr{M}_0$ 上是没有根基的。

第 2 节　罗素阐释的问题

我们把本章的各种结果都视为表明，在罗素阐释中，极大模型尽可能慷慨地容许我们关于**真**和**假**的基本直觉。如果进一步慷慨，就导致悖论。古普塔疑难尤其与此相关，因为它向我们表明，我们需要某种接近极大的东西，以阐释某些非常基本的直觉，尤其是命题可以具有真值的直觉，即使它们不是有根基的。而且，在极大模型中，只要我们把自己限定于经典命题，即包括众多循环命题的命题类，那么经典逻辑就是完全合法的。

105

罗素阐释仍然存在非常令人不满的东西。因为关于说谎者命题，存在一种深层直觉没有受到尊重。从直觉上讲，人们感觉，一旦我们认识到说谎者命题由一个模型 m 而成为假的，那么我们就应该能够把它的假 $\langle Tr, f; 0 \rangle$ 添入模型 m。或者，更尖锐地讲，一旦我们认识到说谎者命题确实**不是**真的，那么这个事实本身看起来就应当是此世界的一种真实特征，即能够影响命题的**真**和**假**的特征。但是，情况当然并非如此。因为假如如此，那么这反过来就本会使说谎者命题成为真的，正像这种直觉推理所预示的那样，于是我们就会得到一个矛盾，这就违反一种更深的直觉。

这个问题深刻地体现于罗素阐释。在给出这种阐释中，我们是由对于关系 $\models$ 的一种简明处理而出发的，$\models$ 仅仅涉及命题逻辑的通常的真值表语义学。因此，我们给予弱模型的条件是极小的，这是我们对此世界的初步表征。首先，我们要求弱模型是融贯的，因为任何事物都不能既具有一种性质但同时又不具有它。其次，我们要求它们在性质**真**的分配中不能出现**肯定**错误，即它们实际包含的涉及**真**的事实必须确实是前面定义的关系 $\models$ 所支持的事实。对于弱模型，我们没有添加更严格的要求，虽然需要更多的条件来完满地捕捉我们关于**真**的前理论直觉。然而，即使在这点上，也是木已成舟：此世界的反直觉部分性是已经添加的极小条件的一种推论。

对于罗素阐释的这种奇怪的推论，我们需要做些什么呢？如果我们认真对待它，那么它确实产生一种悖论诊断，但那是一种相当令人不安的诊断。从这个角度看，我们的直觉推理出了问题，那就是我们认为此世界包括所有事实。放弃这种假定，就可以避免悖论：说谎者命题不是真的，但这个事实却不是此世界中的事实，即可以被描述为真的事实。但是，这就放弃一种相当重要的假定。而且，正如我们在第Ⅲ篇将要看到的那样，奥斯汀阐释保留这个假定是没有问题的。

第7章 语句与罗素命题

在这一章中，我们用一些材料来总结我们对罗素阐释的研究，这些材料将有助于与第 III 篇发展的奥斯汀阐释进行比较。我们已经在罗素阐释中确定一个悖论命题类，但在奥斯汀架构中不存在这样的概念。从奥斯汀观念来看，除了语句与其表达的命题之间的关系有些松散，其他每种东西都是相当简明直接的。我们关于**真**和此世界的所有基本直觉都得到保留。但是，对于某些语句，必定存在某种特别的东西，按照罗素阐释这些语句表达悖论命题，而某种奥斯汀类似物却说明为何这些命题看起来如此有问题。因此，我们需要考察 *L* 的表达悖论性罗素命题的语句，以使我们可以确定它们实际上表达何种奥斯汀命题。

朝着这种目标，我们将给出两种语义概念的"语形"分析；当我们转到我们的新的奥斯汀语义学时，我们就可以利用这些分析。首先，我们来谈论一个问题，即两个语句何时表达同一罗素命题。结果显示，我们用以回答这个问题的证明论还可以运用于奥斯汀阐释，并因而有助于证明第 III 篇的各个定理。其次，对于一个语句何时表达一个悖论性罗素命题，我们给出一种语形特征。这种特征将有助于我们探寻这样的语句在奥斯汀模型中的表现。这两个问题本身都是有趣的问题，但对于奥斯汀阐释感兴趣的读者尽可以将本章推迟至在第 11 章需要它的时候再来阅读它。

第 1 节　证明论

在本节中,我们来谈论刚才提出的第一个问题,即两个语句何时恰好表达同一命题。请注意,我们不是在追问两个命题何时等价,比如在所有模型或者所有极大模型中具有相同真值的意义上,也不是在追问两个语句在这种意义上何时表达等价命题,而是追问两个语句何时表达同一罗素命题。

从某种意义上讲,我们呈献的是这个问题的答案的一种简化版本。我们的罗素命题的模型是相当"精致的",因为我们选择在所表达的命题的结构中来反映一个语句的合取和析取本性。我们将进一步简化问题,除了"本命题",不考虑其他命题指示词。由于这样的语句表达的命题不依赖于语境,所以我们就把它记作 $Exp(\varphi)$,而不是 $Exp(\varphi,c)$。这种结果不难被扩展至整个语言。

例 12　首先注意,

$$\text{True(this)},$$

$$\text{True(True(this))},$$

这两个语句都表达言真者命题 t。我们已经在一些练习中看到一些比较重要的例子。然后再举一个例子,请考虑下面给定的 φ:

$$\downarrow((((\text{Claire Has } A\spadesuit) \wedge \text{True(this)}) \vee$$

$$((\text{Max Has } A\spadesuit) \wedge \neg\text{True(this)})).$$

φ 表达的命题 p 也被很多其他语句所表达。举例:如果我们把"this"两次出现之一或者两次出现都替换为语句 φ 自身,那么新的语句将仍然表达 p,因为"this"指称的就是 φ 表达的东西。

一旦观察到这些现象,就容易生成很多具有相当不同语形结构的语句实例,但它们却表达同一命题。因此,我们的目的是,给出下述语义关系的一种纯粹的语形分析:

$$Exp(\varphi)=Exp(\psi)。$$

为了证明两个语句表达同一命题,我们引进一个辅助符号$\rightleftharpoons$。对于一个**方程**,我们的意思是指形如$\varphi\rightleftharpoons\psi$的一种表达式,其中$\varphi$和$\psi$都是$\mathscr{L}$的**语句**。我们将在如下意义上,即

$\varphi\rightleftharpoons\psi$是可证的,当且仅当,$Exp(\varphi)=Exp(\psi)$,

来描述一种可靠而完备的证明论。

我们的证明论将具有一个公理集(各种形式的方程)和三条证明规则:对称性(Symmetry),传递性(Transitivity)和不可分辨的同一性(Identity of Indiscernables)。一个方程$\varphi\rightleftharpoons\psi$是可证的,正如所期望的那样,仅当它可以是从这些公理利用证明规则而得到的。这些公理和前两条规则都是简明的。第三条规则,即不可分辨的同一性规则,是一条特殊的独立存在的规则。它反映的事实是,区分我们的命题的唯一途径是它们具有一种真正不同的**结构**。

虽然语句必须被放在符号$\rightleftharpoons$的两侧,但我们是按照语句"$\cdots\varphi\cdots$"的一个任意子公式φ来讲述四条公理模式的。这些公理模式都是下列方程之一的任何$\mathscr{L}$实例。

公理:

(1) $\cdots\neg\,\neg\varphi\cdots\rightleftharpoons\cdots\varphi\cdots$

(2) $\cdots\neg(\varphi\wedge\psi)\cdots\rightleftharpoons\cdots(\neg\varphi\vee\neg\psi)\cdots$

(3) $\cdots\neg(\varphi\vee\psi)\cdots\rightleftharpoons\cdots(\neg\varphi\wedge\neg\psi)\cdots$

(4) $\cdots\downarrow\varphi\cdots\rightleftharpoons\cdots\varphi(\mathrm{this}/\downarrow\varphi)\cdots$

我们相信前三条公理模式无需讨论。至于第(4)条,我们首先提醒读者,符号$\varphi(\mathrm{this}/\downarrow\varphi)$是指用$\downarrow\varphi$来替换$\varphi$中的 this 的所有自由出现的结果。这种模式是可靠的;由于我们的语义学保证,φ中的 this 的所有自由出现都指称$\downarrow\varphi$表达的命题,所以我们可以用后者来替换前者而不影响所表达的命题。注意,如果φ本身就是一个语句,那么这条公理的一个微不足道的实例就是方程$\downarrow\varphi=\varphi$。因此,这条公理允许我们省略任何无意义的辖域标志符的出现。然而,更重要的是,运用这条公

理,我们可以有效地把所有有意义的辖域标志符都移进一个关系符的辖域,因为该辖域就是指示词 this 必须出现的地方。当我们引进正规形式(normal form)时,这就变得重要了。

证明规则：

我们现在列出三条证明规则如下,但第三条规则需要一些说明：

　　对称性规则：由 $\varphi \rightleftharpoons \psi$,推出 $\psi \rightleftharpoons \varphi$。

　　传递性规则：由 $\varphi \rightleftharpoons \psi$ 和 $\psi \rightleftharpoons \theta$,推出 $\varphi \rightleftharpoons \theta$。

　　不可分辨的同一性规则(*I-I*)：如果 S 是一个有穷[①]齐次方程集(homogeneous set of equations),那么对于 S 中的任何方程 $\varphi \rightleftharpoons \psi$ 而言,都有 $\varphi \rightleftharpoons \psi$。

我们稍后再来定义规则 *I-I* 所用的术语"齐次"。同时,如果根据对称性和传递性规则,从这些公理就可以得到方程 $\varphi \rightleftharpoons \psi$,那么我们就称 $\varphi \rightleftharpoons \psi$ 是**极显的**(patently obvious)。我们把所有这些公理和规则都视作显然可靠的。

我们称公式 φ 是正规形式的,如果(1) 否定符号仅在肯定原子公式之前,(2) 辖域标志符的每个实例都出现于某个原子公式之中。[②]"极显"概念的要点是,它允许我们把任何方程都转换成相关语句均为正规形式的方程。重要的是,我们不利用 *I-I* 规则就可以做到这一点,因为这条规则就依赖于这样的转换。

引理 20 (*正规形式引理*)对于每个语句 φ 而言,都存在一个正规形式语句 φ',使得 $\varphi \rightleftharpoons \varphi'$ 是极显的。

　　证明：我们先证明(1)。如果 φ 是一个正规形式公式,$\neg\varphi$ 是语句"…$\neg\varphi$…"的子公式,那么存在一个正规形式公式 φ^*,使得方程

$$\cdots\neg\varphi\cdots \rightleftharpoons \cdots\varphi^*\cdots$$

是极显的。我们施归纳于正规形式公式 φ 来证明它。例如,用公理 2,

---

　① 无论是否假设有穷,这条规则都是可靠的和完备的。
　② 在这个定义中,我们把"True φ"和"a Believes φ"都视为原子公式。

我们有

$$\cdots \neg (\varphi \wedge \psi) \cdots \rightleftharpoons \cdots \neg \varphi \vee \neg \psi \cdots$$

于是,利用归纳假设和传递性,我们得到

$$\cdots \neg (\varphi \wedge \psi) \cdots \rightleftharpoons \cdots \varphi^* \vee \psi^* \cdots$$

其中 φ^* 和 ψ^* 都是正规形式的,因而 $\varphi^* \vee \psi^*$ 也是正规形式的。

再来证明(2)。我们观察到,如果公式 φ 是正规形式的,那么 $\varphi(\text{this}/\downarrow\varphi)$ 也是正规形式的;进一步,按照公理 4,

$$\cdots \downarrow \varphi \cdots \rightleftharpoons \cdots \varphi(\textbf{this}/\downarrow\varphi) \cdots$$

就是正规形式的。利用这两个事实,我们就可以通过归纳而证明,对于语句"$\cdots\varphi\cdots$"的任何子公式 φ 而言,都存在一个正规形式的 φ',使得

$$\cdots \varphi \cdots \rightleftharpoons \cdots \varphi' \cdots$$

是极显的。该期望结果是这个引理的一个实例。□

I-I 规则的基本思想可以理解如下。假设我们希望证明 $\varphi \rightleftharpoons \psi$。我们知道,这些语句表达的命题将是相同的,除非这些语句表达的命题之间存在真正的结构不同。因此,我们推测,假定方程 $\varphi \rightleftharpoons \psi$,这些语句就表达同一命题。于是,通过找到一个包含我们的假定的"齐次"方程集,我们试图证明,这些语句之间不存在有意义的结构不同;在这里,一个齐次方程集将证明不存在这样的结构不同。如果我们可以找到这样一个方程集,那么那个初始方程($\varphi \rightleftharpoons \psi$)就是有效的。在定义什么是一个齐次方程集之前,我们来探讨 *I-I* 规则的一个最简单的可能示例。

111

例 13 下述方程是这种证明方法如何工作的一个示例。

$$\downarrow \textbf{True}(\textbf{this}) \rightleftharpoons \downarrow \textbf{True}(\textbf{True}(\textbf{this}))。$$

为了找到包含这个方程的一个齐次方程集 S,我们运用正规形式引理来获取正规形式方程。于是,每当我们发现我们承诺一个在 S 中的方程 $\textbf{True}(\varphi) \rightleftharpoons \textbf{True}(\psi)$,我们就把 $\varphi \rightleftharpoons \psi$ 添加给 S。假如我们发现,比如,一个形如 $\textbf{True}(\varphi) \rightleftharpoons \psi$ 的方程,其中 ψ 是正规形式的而不是 $\textbf{True}(\psi_0)$ 形式的,那么我们本会陷入与齐次性相抵触的境地:我们本可以发现一种结构上的差异,这种差异将反映于这些语句表达的命题。可是,在这个

例子中,我们没有遇到这样的问题。这个过程很快就结束了,这表明那些语句确实表达同一命题。

我们现在转向精确表述 *I-I* 规则。为了有助于表述下述定义,我们把方程集 S 的扩充 E_S 定义为所有语句 φ 的集合,使得对于某个 φ 而言,$\varphi \rightleftharpoons \psi$ 在 S 中。如果 φ 和 ψ 都是正规形式的,如果下列之一成立,那么我们就称方程 $\varphi \rightleftharpoons \psi$ **至少是可信的**:

◇ φ 和 ψ 都是合取式,或者都是析取式。

◇ φ 和 ψ 都是涉及谓词 **True** 的原子句,或者都是涉及 ¬**True** 的被否定的原子句。

◇ φ 和 ψ 都是形如 **a Has c** 的原子句,并且它们是相等的。

◇ φ 和 ψ 都是形如 ¬(**a Has c**)的被否定的原子句,并且它们是相等的。

◇ φ 和 ψ 分别是形如 **a Believes** φ_0 和 **a Believes** ψ_0 的原子句,它们具有相同的个体常量 a。

◇ φ 和 ψ 分别是形如 ¬(**a Believes** φ_0)和 ¬(**a Believes** ψ_0)的原子句,它们具有相同的个体常量 a。

112

定义 12 令 S 是 $\mathcal{L}$ 的一个方程集。我们称 S 是齐次的,如果下列条件成立。

◇ 如果 $\varphi \in E_S$,那么在 S 中存在一个极显方程 $\varphi \rightleftharpoons \psi$,满足 ψ 是正规形式的。

◇ S 在对称性和传递性规则下是封闭的。

◇ 如果 $\varphi \rightleftharpoons \psi$ 在 S 中,其中 φ 和 ψ 都是正规形式的,那么 $\varphi \rightleftharpoons \psi$ 至少是可信的。

◇ 如果 $\varphi_1 \wedge \varphi_2 \rightleftharpoons \psi_1 \wedge \psi_2$ 在 S 中,那么 $\varphi_1 \rightleftharpoons \psi_1$ 和 $\varphi_2 \rightleftharpoons \psi_2$ 都在 S 中,要么 $\varphi_1 \rightleftharpoons \psi_2$ 和 $\varphi_2 \rightleftharpoons \psi_1$ 都在 S 中。

◇ 如果 $\varphi_1 \vee \varphi_2 \rightleftharpoons \psi_1 \vee \psi_2$ 在 S 中,那么 $\varphi_1 \rightleftharpoons \psi_1$ 和 $\varphi_2 \rightleftharpoons \psi_2$ 都在 S

中,要么 $\varphi_1 \rightleftharpoons \psi_2$ 和 $\varphi_2 \rightleftharpoons \psi_1$ 都在 S 中。

◇ 如果 $\theta(\textbf{this})$ 是一个原子公式或者一个否定的原子公式,并且 $\theta(\textbf{this}/\varphi) \rightleftharpoons \theta(\textbf{this}/\psi)$ 在 S 中,那么 $\varphi \rightleftharpoons \psi$ 也在 S 中。

非常奇怪的是,这条规则的可靠性,因而这种证明论的可靠性,没有它的完备性明显。为了促进可靠性的证明,我们提出下面的练习。

练习 50　请考虑语句 φ 和 ψ:

$$\varphi = \downarrow((\textbf{a Has c}) \wedge \textbf{True}(\textbf{this})),$$

$$\psi = \downarrow(\textbf{True}(\textbf{True}(\textbf{this}) \wedge (\textbf{a Has c})) \wedge (\textbf{a Has c})).$$

(1) 证明 φ 和 ψ 都表达由下述方程而给出的命题 p

$$p = [a\ H\ c] \wedge [Tr\ p]。$$

(2) 给出一个齐次方程集,它包含 $\varphi \rightleftharpoons \psi$。

(3) 证明 $\rightleftharpoons$ 以 S 的三个等价类 S_1、S_2 和 S_3,在 S 中的语句集上定义一个等价关系,其中在 S_1 中的语句表达 $[a\ H\ c]$,在 S_2 中的语句表达 p,而在 S_3 中的语句表达 $[Tr\ p]$。

引理 21　如果 S 是一个齐次方程集,并且 $\varphi \rightleftharpoons \psi$ 在 S 中,那么 Exp 113
$(\varphi) = Exp(\psi)$。

证明:这个证明仅仅是练习 50 的一种概括。由于 S 在对称性和传递性下是封闭的,所以下面就在 E_S 上定义一种等价关系 $\equiv$:

$$\varphi \equiv \psi,\text{当且仅当}(\varphi \rightleftharpoons \psi) \in S。$$

我们令对于 $\varphi \in E_S$ 而言,$e, e', \cdots$ 的值域是等价类 $[\varphi]$。对于这样的每个等价类 e,我们引进一个命题未定量 P_e。我们希望找到这些未定量的一个方程组 ε,比如,

$$P_e = a_e(P_e, P_e', \cdots),$$

其中 a_e 表示在 e 中的语句所表达的命题的集合论结构。我们将在 e 里的正规形式中省略这种结构。我们来考虑两种情况。

假设我们在 e 中找到一个正规形式语句 φ,它具有 $(\textbf{a Believes } \varphi_0)$ 的形式。那么在 e 中的每个正规形式语句 ψ 都具有 $(\textbf{a Believes } \psi_0)$ 形式,而且 $\varphi_0 \equiv \psi_0$。令 $e_0 = [\varphi_0]$。那么,我们需要的方程就是:

$$\boldsymbol{P}_e = [a \; Bel \; \boldsymbol{P}_{e0}]。$$

（注意，有可能 $e = e_0$，因此这有可能是一种形如 $\boldsymbol{P}_e = [a \; Bel \; \boldsymbol{P}_e]$ 的方程。）

现在，请考虑一个等价类 e，其中一些（因而所有）正规形式语句 $\varphi \in e$ 都是 $\varphi_0 \wedge \psi_1$ 的形式。令 $e_0 = [\varphi_0]$，$e_1 = [\varphi_1]$，并令关于 $\boldsymbol{P}_e$ 的方程为：

$$\boldsymbol{P}_e = \wedge \{\boldsymbol{P}_{e0}, \boldsymbol{P}_{e1}\}。$$

在齐次的定义中的 $\wedge$ 条款保证这是良定义的。

现在，令 F 是这些未定量的任何指派，满足

$$存在 \; \varphi \in e, \; F(\boldsymbol{P}_e) = Exp(\varphi)。$$

显然，F 满足所有这些方程。然而，按照有解引理，每个方程组都有一个唯一的解。因此，只存在一个这样的指派，也就是说，

$$对于所有 \; \varphi \in e \; 而言，F(\boldsymbol{P}_e) = Exp(\varphi)。$$

114　换言之，如果 $(\varphi \rightleftharpoons \psi) \in S$，那么 $Exp(\varphi) = Exp(\psi)$。□

有了这个引理，我们现在就可以证明下述定理了。

定理 22　[罗素可靠性定理（Russellian Soundness Theorem）]
对于 $\mathscr{L}$ 的任何两个语句 φ 和 ψ 而言，如果方程 $\varphi \rightleftharpoons \psi$ 是可证的，那么 $Exp(\varphi) = Exp(\psi)$。

证明：这通过施归纳于推演长度来证明。唯一非平凡的步骤是运用 I-I 规则，它受到前一条引理的支持。□

我们现在返过来转到完备性问题。我们再次从一个练习开始。

练习 51　令 S 是形如 $\varphi \rightleftharpoons \psi$ 的所有方程的一个集合，其中 φ 和 ψ 都是正规形式语句，并且 $Exp(\varphi) = Exp(\psi)$，否则其中 $\varphi \rightleftharpoons \psi$ 就是极显的。证明 S 是齐次的。

定理 23　[罗素完备性定理（Russellian Completeness Theorem）]
对于 $\mathscr{L}$ 的任何两个语句 φ 和 ψ 而言，如果 $Exp(\varphi) = Exp(\psi)$，那么方程 $\varphi \rightleftharpoons \psi$ 是可证的。

证明：假设 $Exp(\varphi) = Exp(\psi)$。按照定理 20，我们还可以假设 φ

和 ψ 都是正规形式的。我们希望证明,存在一个有穷齐次方程集 S,其中 $(\varphi \rightleftharpoons \psi) \in S$。给定上述这个练习,那么唯一的问题就是有穷性问题。

令 A 是一个有穷语句集,包含 φ 和 ψ,并且在下列条件下封闭:

(1) 如果 $(\varphi \wedge \psi) \in A$,那么 $\varphi, \psi \in A$。

(2) 如果 $(\varphi \vee \psi) \in A$,那么 $\varphi, \psi \in A$。

(3) 如果 $\theta(\text{this})$ 是原子句或者被否定的原子句,并且 $\theta(\text{this}/\varphi)$,那么 $\varphi \in A$。

(4) 如果 $\varphi \in A$,那么存在一种正规形式的 φ',使得 $(\varphi \rightleftharpoons \varphi')$ 是极显的,并且 $\varphi' \in A$。

为了理解肯定存在这样一个有穷集,注意,除了条件(4),其他封闭条件都涉及直接分解。但是,当我们有一个非正规形式语句 $\varphi \in A$ 时,条件(4)才会被用到。由于我们是从正规形式语句出发的,所以仅当如果 $\theta(\text{this}/\downarrow\varphi) \in A$ 并且 $\varphi = \downarrow\psi$,其中 ψ 是正规形式的,这种情况才会发生。但是,这时 $\downarrow\psi \rightleftharpoons \psi(\text{this}/\downarrow\psi)$ 便是极显的,并且 $\psi(\text{this}/\downarrow\psi)$ 是正规形式的。在这里的分解中,我们将在有穷步骤内回到 $\downarrow\psi$,从而终止这个进程。

现在,令 S 是形如 $\varphi_0 \rightleftharpoons \psi_0$ 的所有方程的一个集合,使得 $\varphi_0, \psi_0 \in A$,并且 $Exp(\varphi_0) = Exp(\psi_0)$。那么,$S$ 就是一个有穷齐次集,并且 $(\varphi \rightleftharpoons \psi) \in S$。□

系理 24 $\mathscr{L}$ 语句表达同一命题的关系是一种可判定关系。

证明:这通过检验罗素完备性定理的证明就可以看出,其中可以看出,人们可以事先划定一个可能方程集的范围,该集合有关于一个证明,它必定是 $A \times A$ 的某个子集。□

练习 52 给出第 111 页的例 13 的详细证明。

开放问题 1 扩充这里给出的完备性定理,以刻画对于任意开公式(open formulas)而言,关系 $Val(\varphi) = Val(\psi)$。

第 2 节　悖论句

在本节中，我们继续忽略语句中的语句指示词 **that**$_i$，以使所考虑的每个语句 φ 在罗素观念上都表达一个唯一的命题 $Exp(\varphi)$。这样，我们就可以把命题的性质和关系转移至表达它们的语句的性质和关系。例如，我们可以说，语句 φ 在模型 $\mathscr{M}$ 中是假的，或者是经典的，或者是内在悖论性的，仅当 φ 表达的命题 $Exp(\varphi)$ 在 $\mathscr{M}$ 中是假的，或者是经典的，或者是内在悖论性的。我们本节的目的就是刻画语句的某种这些性质。

这种刻画不是很好，但它们确实给出我们需要的工具。我们的真

116　正目标是比较和对比罗素阐释与奥斯汀阐释，以及它们如何看待真、悖论和此世界。下面引进的概念将允许我们在第Ⅲ篇中进行这种比较。

定义 13

（1）语形见证函数 w 是从 $\mathscr{L}$ 的正规形式语句到原子句集的一个偏函数，满足下列条件：

　　◇ 如果 $\varphi=(\textbf{True }\psi)\in dom(w)$，那么存在一个正规形式语句 $\psi'\in dom(w)$，使得 $\psi\rightleftharpoons\psi'$ 是极显的，并且 $w(\psi')\bigcup\{\varphi\}\subseteq w(\varphi)$。

　　◇ 如果 $\varphi=\neg(\textbf{True }\psi)\in dom(w)$，那么存在一个正规形式语句 $\psi'\in dom(w)$，使得 $\neg\psi\rightleftharpoons\psi'$ 是极显的，并且 $w(\psi')\bigcup\{\varphi\}\subseteq w(\varphi)$。

　　◇ 如果 φ 是上述没有涵盖的原子句或者被否定的原子句，并且 $\varphi\in dom(w)$，那么 $\varphi\in w(\varphi)$。

　　◇ 如果 $\varphi=(\psi_1\wedge\psi_2)\in dom(w)$，那么 $\psi_1,\psi_2\in dom(w)$，并且 $w(\psi_1)\bigcup w(\psi_2)\subseteq w(\varphi)$。

　　◇ 如果 $\varphi=(\psi_1\vee\psi_2)\in dom(w)$，那么 $\psi_1\in dom(w)$ 并且 $w(\psi_1)\subseteq w(\varphi)$，要么 $\psi_2\in dom(w)$ 并且 $w(\psi_2)\subseteq w(\varphi)$。

（2）$\mathscr{L}$ 的一个语句集 Φ 是外观相容的，如果不存在语句 $\varphi,\psi\in\Phi$，使得方程 $\neg\varphi\rightleftharpoons\psi$ 是有效的，即如果命题及其否定不都由 Φ 的语句来表达。

（3）一个语形见证函数 w 是相容的，如果集合 $\Phi=\bigcup\{w(\varphi)\,|\,\varphi\in dom(w)\}$ 是外观相容的。

（4）一个正规形式语句集 Φ 是相容的，如果对于某个相容的语形见证函数 w 而言，$\Phi\subseteq\in dom(w)$。一个任意语句集 Φ 是相容的，如果存在封闭正规形式的一个相容语句集 Φ'，使得每个表达式 $\varphi\in\Phi$ 都与某个 $\varphi'\in\Phi'$ 表达同一命题。

定理 25 ［语句模型存在定理（Sentential Model Existence Theorem）］ 一个正规形式语句集 Φ 是相容的，当且仅当，存在一个模型 $\mathscr{M}$，使得对于每个 $\varphi\in\Phi$ 而言，$\mathscr{M}\models Exp(\varphi)$。

证明： 假设 Φ 是相容的，因此它就是 $dom(w)$ 的一个子集，其中 w 是一个相容的语形见证函数。我们以一种明显的方式把 w 转换为命题集 $P=\{Exp(\varphi)\,|\,\varphi\in\Phi\}$ 的见证函数 w'。也就是说，每个原子句或被否定的原子句 φ 都联系至一个自然事态 σ_φ，而该事态则被用来保证 φ 是真的。例如，如果 $\varphi=(\boldsymbol{\alpha}\textbf{ Believes }\psi)$，那么 $\sigma_\varphi=\langle Bel,a,Exp(\psi);1\rangle$。利用这些，我们就可以定义，对于每个 $\psi\in dom(w)$ 而言，

$$w'(\psi)=\{\sigma_\varphi\,|\,\varphi\in w(\psi)\}.$$

现在证明 w' 是一个见证函数，便是常规步骤了。它是融贯的，因为 w 是相容的。因而，由第 92 页的练习 39 所讲的扩充模型存在定理，就得出结果。逆向证明简单明了。□

系理 26 一个语句 φ 表达一个内在悖论性罗素命题，当且仅当，$(\varphi\vee\neg\varphi)\in dom(w)$ 的每个语形见证函数 w 都是相容的。

我们希望扩充这个系理，以使我们能够检验一个语句集何时具有一个模型 $\mathscr{M}$ 是某个给定模型 $\mathscr{M}_0$ 的扩充。利用事态 σ_φ 与前一证明所用语句 φ 的联系，我们如下来扩充。首先，我们称一个原子句集 Φ 对于 $\mathscr{M}_0$ 而言是外观相容的，如果 $\mathscr{M}_0\bigcup\{\sigma_\varphi\,|\,\varphi\in\Phi\}$ 是融贯的。请注意，一

般来说,这个条件甚至不能保证这个汇集是一个弱模型。其次,我们称一个语形见证函数对于 $\mathscr{m}_0$ 而言是相容的,如果它的值域的**并**对于 $\mathscr{m}_0$ 而言是外观相容的。最后,我们称一个正规形式语句集 Φ 对于 $\mathscr{m}_0$ 来说是相容的,如果对于对 $\mathscr{m}_0$ 而言是相容的某个语形见证函数 w 来说,$\Phi \subseteq dom(w)$。以这种显而易见的方式来扩充上面的证明,我们就得到:

定理 27 （扩充语句模型存在定理） 一个正规形式语句集 Φ 对于 $\mathscr{m}_0$ 来说是相容的,当且仅当,存在一个模型 $\mathscr{m} \supseteq \mathscr{m}_0$,使得对于每个 $\varphi \in \Phi$ 而言,$True_{\mathscr{m}}(Exp(\varphi))$。

练习 53 利用语句模型存在定理,证明对于我们的语言 $\mathscr{L}$ 而言的紧致性定理（Compactness Theorem）的一个版本。

定理 28 （紧致性定理） 令 Φ 是一个语句集,使得每个有穷子集都有一个模型（扩充某个模型 $\mathscr{m}_0$）。那么,Φ 自身也有一个这样的模型。

［提示:在一个序列 $\theta_1, \theta_2, \theta_3, \cdots$ 中列举 $\mathscr{L}$ 的封闭正规形式语句,并逐步建立一个相容的语形见证函数的定义域。在定义 w_n 的过程中,保证 $d = dom(w_n)$ 具有下述性质†:对于 Φ 的每个有穷子集 Φ_0,存在一个相容的语形见证函数 w,使得 $\Phi \cup d \subseteq dom(w)$）。这里的关键是析取式的定义步骤。给定一个析取式 $\theta_n = (\psi_1 \vee \psi_2)$,使得 $dom(w_n) \cup \{\theta_n\}$ 具有性质†,则存在 $i=1,2$,使得 $dom(w_n) \cup \{\theta_n, \psi_i\}$ 具有性质†。那么,我们就把 ψ_i 添入 $dom(w_{n+1})$。］

第Ⅲ篇

奥斯汀命题与说谎者悖论

第8章　奥斯汀命题的建模

按照罗素语言观念，当我们运用的一个语句不包含明确的语境敏感因素时，诸如

(Claire Has 3♣)，

那么我们运用的这个语句就唯一地确定一个命题。[①] 但是，按照奥斯汀观念，情况绝非如此；实际上，这句话至少存在一个语境敏感特征，即该命题的关于情境。因此，按照奥斯汀，语句(Claire Has 3♣)可以用来表达不同的命题，它们在它们的关于情境中是不同的。

即使对于这样一个简单的语句，这两种阐释之间也存在一种重要的不同。例如，我们可以想象，两处扑克游戏同时进行，它们在城镇的两边：麦克斯正在与**艾米莉(Emily)** 和**索菲(Sophie)** 打扑克，克莱尔正在与**丹娜(Dana)** 打扑克。假设有人在前一处游戏那里观看，错把艾米莉当成克莱尔，并且断言克莱尔有梅花三。按照奥斯汀阐释，她就错了，即使克莱尔在城镇另一边有梅花三。然而，按照罗素阐释，她的断言就会是真的。

当我们考虑那些带来"非持续(nonpersistence)"的语言机制时，像

---

① 当然，这预设词项 Claire 和 3♣ 都指称唯一的个体，无关于它们的用法。但是，我们把语境敏感因素放在了一边。

否认，全称量化和限定摹状词那样的语言机制，奥斯汀语言观念附带的自由度（degree of freedom）就变得越来越重要。关于上述第一处扑克游戏，假定我们断言，每人至少有三张同类的扑克牌。显然，我们的断定意图是描述此世界的一个有限部分。特别地，关于克莱尔或丹娜的手，我们没有断言任何东西。按照奥斯汀阐释，关于我们正在谈论的情境，我们的断定是真的，但关于其他情境，该断定则可能是假的。在这种情况下，我们把该语句称为非持续的，因为关于一个情境，它可以表达一个真命题，而关于该情境的一个扩充，它则表达一个假命题。

一旦我们采用奥斯汀观念，我们就看到，存在很多不同的方式，使得一个语句可以是非持续的。一种重要的非持续性产生于包含限定摹状词的语句，限定摹状词比如"那个牌手"。如果我们说那个牌手爱占便宜，那么我们的陈述就成功地表达一个命题，如若它的关于情境包含一个唯一的牌手；否则，就是无的放矢。在这种情况下，该语句就是非持续的，因为它可以表达一个关于某个情境的命题，但如果它被用于一个较大的情境，那么它甚至可能不表达命题。罗素的命题观念迫使他放弃限定摹状词的这种简单阐释。他把包含限定摹状词的语句理解为（它们）表达关于此整个世界的独特断言。

我们将看到，涉及一个命题的关于情境的变化的问题，以及由此而产生的持续性和非持续性问题，对于按照奥斯汀阐释来理解说谎者命题的表现是关键的。但是，在详细探讨它之前，我们需要发展出来某种基础机制，以精确地建模奥斯汀命题。

第 1 节　基本定义

我们提请读者注意，一个奥斯汀命题是由两个构成要素来确定的：由"指示规约"确定的一个情境和由"描述规约"确定的一个类型。如果命题 p 的关于情境 $About(p)$ 属于要素类型 $Type(p)$，那么命题 p 就是真的。为了给这样的命题建模,以及语言与此世界之间关系的附带阐释,我们将需要四个类:事态类 *SOA*、情境类 *SIT*、类型类 *TYPE* 和命题类 *PROP*。它们必须同时得到定义,因为,例如,情境是命题的构成要素,反之亦然。随后,我们将引进此世界的一个"模型"概念,而"事实"和"实际情境"概念则有关于此世界的一个给定的模型。

在给出定义之前,我们提请读者注意,第Ⅱ篇对于类 *PROP* 的定义的两种版本,一种是由绕道更大的类 *PrePROP* 来定义的,另一种则是利用一个归纳算子来定义的(参见第 68 页的练习 28),因而避免了绕道。这一次,我们将无须绕道,而是采用直接的方法。因此,在下述定义中,*X* 的闭包 $\Gamma(X)$ 再次是包含 *X* 的最小汇集,并且封闭于:

◇ 如果 $Y \subseteq \Gamma(X)$ 是一个集合,那么$[\wedge Y]$和$[\vee Y]$都属于 $\Gamma(X)$。

在下述定义中,我们来定义**原子类型类** *AtTYPE*。我们把所有类型的类 *TYPE* 当作该类的闭包 $\Gamma(AtTYPE)$。这个过程允许我们在奥斯汀模型中避免非实质罗素命题造成的类似问题。

定义 1 令 *SOA*、*SIT*、*AtTYPE* 和 *PROP* 是最大的类,满足:

◇ 每个 $\sigma \in SOA$ 都是下列形式之一:

- $\langle H, a, c; i \rangle$,
- $\langle Tr, p; i \rangle$,
- $\langle Bel, a, p; i \rangle$。

其中 *H*,*Tr* 和 *Bel* 是不同的原子,*a* 是克莱尔或者麦克斯,*c* 是一张标准的扑克牌;*i* 是 0 要么 1;$p \in PROP$。

◇ 每个 $s \in SIT$ 都是 *SOA* 的一个子集(着重强调集合)。

◇ 每个 $p \in PROP$ 的形式都是 $\{s; T\}$,其中 $s \in SIT$,$T \in \Gamma(AtTYPE)$。

◇ 每个 $T \in AtTYPE$ 的形式都是 $[\sigma]$,其中 $\sigma \in SOA$。

正像在建模罗素命题的基本定义的情况中那样,这里应当做出一   124

些评论。我们又一次假定某种标准技术，以系统地用不同集合来表征不同对象。例如，我们不关心 *PROP* 的元素究竟如何区别于 *TYPE* 的元素，除非它们应当区别开来。因而，我们用 $\{s;T\}$ 所代表的集合论对象来表征一个命题，该命题完全是由情境 s 和类型 T 而确定的，用 $[\sigma]$ 来表征完全由事态 σ 而确定的类型。[①] 这些东西究竟是如何由集合来表征的，不是真正的问题。如果 $p=\{s;T\}$，我们就用 $About(p)$ 来表示命题 p 的关于情境 s，用 $Type(p)$ 来表示要素类型 T。因此，对于任何命题 p 而言，$p=\{About(p);Type(p)\}$。

我们需要定义在这些东西上成立的各种各样的性质和关系，诸如一个情境属于某种类型在 $SIT \times TYPE$ 上的关系，以及一个命题为真的性质。但是，在做这项工作之前，我们来看看我们的可供利用的新对象的几个例子，并且描述我们的定义打算捕捉的直觉。

例 1 令 $p=\{s;[H,\text{Claire},3\clubsuit;1]\}$。[②] 我们希望定义所提到的那些关系，以忠实地建模关于 s 的奥斯汀命题，它断言 s 属于克莱尔有梅花三的类型。给定我们把情境都建模为事态集，那么反过来讲，该命题应当是真的，仅当 $\langle H,\text{Claire},3\clubsuit;1\rangle \in s$。

例 2 （奥斯汀说谎者命题）对于任何情境 s 和命题 p，都存在一个命题，它断言 p 在 s 中是假的，即它为假是 s 的一个事实。这就是命题：

$$F(s,p)=\{s;[Tr,p;0]\}.$$

运用 AFA，我们就得到一个固定点 f_s，它就是唯一的命题 $p=F(s,p)$。也就是说，对于每个 s，我们都得到说谎者命题

$$f_s=\{s;[Tr,f_s;0]\}.$$

---

① 实际上，一个人可能希望把事态 σ 等同于类型 $[\sigma]$。虽然我们没有提出这种等同，但当刻画原子类型而它们允许我们省略它们的尖括号时，我们就采用一种缩写形式。因而，例如，我们不是记作 $[\langle H,\text{Claire},3\clubsuit;1\rangle]$，而是简单地记作 $[H,\text{Claire}, 3\clubsuit;1]$。这种规约可以增加可读性。

② 参见脚注①，这是 $\{s;[\langle H,\text{Claire},3\clubsuit;1\rangle]\}$ 的缩写。

命题 f_s 断言, f_s 为假是关于 s 的一个事实。

例 3 (奥斯汀言真者命题)对于任何 s, 都存在一个言真者命题:
$$t_s = \{s; [Tr, t_s; 1]\}。$$

例 4 (说谎者循环命题)请考虑说谎者循环命题, 比如长度为二。想象两个人, 比如 a_1 和 a_2, 并假设每人分别表达一个命题, p_1 和 p_2, 其中 p_1 断言 p_2 是真的, 而 p_2 则断言 p_1 是假的。按照奥斯汀阐释, 这些命题都必须是关于情境的, 比如 s_1 和 s_2。它们可能是同一情境, 但也可能不是。因而, 一般情况下, 我们有下列命题:
$$p_1 = \{s_1; [Tr, p_2; 1]\},$$
$$p_2 = \{s_2; [Tr, p_1; 0]\}。$$

例 5 接着请考虑两个人利用语句"本命题是真的而彼命题是假的, "做出关于对方的相互矛盾的断言。为了建模这种情况, 我们可以考虑两个情境 u_1 和 u_2, 以及命题:
$$p_1 = \{u_1; [[Tr, p_1; 1] \wedge [Tr, p_2; 0]]\},$$
$$p_2 = \{u_2; [[Tr, p_2; 1] \wedge [Tr, p_1; 0]]\}。$$
这两个命题的每个命题都断言自己的真和另外一个命题的假是它的关于情境的事实。

例 6 令 p 是在例 1 中定义的命题, 令 q 是命题 $\{s; [Bel, \text{Max}, p; 1]\}$。这个命题的关于情境相同于 p 的关于情境。它断言, s 是麦克斯相信克莱尔当时有梅花三的那种类型的情境。

例 7 对于一个更复杂的例子, 请考虑下述类型的关于 s 的命题 b_s。[①]
$$[[H, \text{Claire}, 3\clubsuit; 1] \wedge [Bel, \text{Max}, b_s; 1] \wedge [Bel, \text{Claire}, b_s; 1]]$$
这个命题断言 s 是一个情境, 其中克莱尔有梅花三, 并且克莱尔和麦克斯**互为**相信这个命题。在理想条件下, 这个命题蕴涵克莱尔相信麦克斯相信她有梅花三, 以及进一步的重复(虽然这个条件在进一步重复时 126

[①] 请注意, 我们利用明显的缩写来表示所谈及的合取类型。

变得不太可信)。① 当然，我们要依据 AFA 才能建模这样一个命题。

例 8 对于任何命题 p(和情境 s)，请考虑(关于 s 的)命题断言麦克斯相信 p，但 p 却是假的：

$$\{s;[[Bel,Max,p;1]\wedge[Tr,p;0]]\}。$$

又一次按照 AFA，我们可以得到一个固定点，

$$q=\{s;[[Bel,Max,q;1]\wedge[Tr,q;0]]\}。$$

这个命题从特征上讲类似于说谎者命题。它是真的，仅当麦克斯相信这个信念本身就是假的。

第 2 节　奥斯汀命题的真

有了这些例子的引导和促进，我们就可以转而定义真命题类了。为定义一个奥斯汀命题的真，我们必须首先定义什么是一个情境属于某种类型。我们通过 s 属于类型 T 的序对 $\langle s,T\rangle$ 的类 OF 来定义它。

定义 2　令 OF 是 $SIT\times TYPE$ 的唯一子类，满足下列条件。

◇ $\langle s,[\sigma]\rangle\in OF$，当且仅当，$\sigma\in s$。

◇ $\langle s,[\wedge X]\rangle\in OF$，当且仅当，对于所有 $T\in X$ 而言，$\langle s,T\rangle\in OF$。

◇ $\langle s,[\vee X]\rangle\in OF$，当且仅当，存在 $T\in X$，$\langle s,T\rangle\in OF$。

注意，重要的是，例如，一个情境 s 不属于类型 $[H,\text{Claire},3\clubsuit;1]$，不等于说 s 属于它的对偶类型 $[H,\text{Claire},3\clubsuit;0]$。我们把这作为捕捉关于奥斯汀情境的部分性的一种重要直觉：克莱尔没有梅花三的情境与不确定克莱尔是否有梅花三的情境(或许克莱尔根本不在场)之间存在不同。

正像在罗素情况中那样，定义 2 的合法性不是完全明显的。下述

---

① 请参见，例如，Harman (1977)或者 Barwise (1985)。

命题保证,存在一个唯一的类,满足这个定义。虽然简单,但该命题对于建模"奥斯汀真"概念却是重要的。

命题 1　存在一个唯一的类 OF,满足定义 2。因此,对于任何 s 和 T 而言:

(1) 情境 s 属于或者不属于类型 T,但两者不是都成立;

(2) 情境 s 属于类型 $[\sigma]$,当且仅当,$\sigma \in s$;

(3) 情境 s 属于类型 $[\wedge X]$,当且仅当,对于每个 $T \in X$ 而言,s 属于类型 T;

(4) 情境 s 属于类型 $[\vee X]$,当且仅当,存在 $T \in X$,s 属于类型 T。

证明:OF 的唯一性来自类 $TYPE$ 的归纳特征。这个结果是第 76 页的引理 4 的奥斯汀类似物,并且可以被类似地证明。(1)至(4)都是 OF 的唯一性的直接推论。□

我们将把类 $TRUE$ 定义为 $p \in PROP$ 的类,使得 $p = \{s, T\}$,其中 s 属于类型 T。我们称在该类中的任何命题都是真的,而其他所有命题则都是假的。这个定义具有下列预期和可期的性质:

命题 2

(1) 每个命题是真的或者假的,但两者不是都成立。

(2) 命题 $\{s; [\sigma]\}$ 是真的,当且仅当,$\sigma \in s$。

(3) 命题 $\{s; [\wedge X]\}$ 是真的,当且仅当,对于每个 $T \in X$ 而言,$\{s; T\}$ 是真的。

(4) 命题 $\{s, [\vee X]\}$ 是真的,当且仅当,存在 $T \in X$,$\{s; T\}$ 是真的。

(5) 有些命题是真的,而有些命题则是假的。

证明:(1)～(4)直接得自命题 1 的相应条款。为了证明第(5)条,请考虑类型 $T = [\sigma]$,其中 $\sigma = \langle H, \text{Claire}, 3\clubsuit; 1 \rangle$。令 s_0 是不包含 σ 的 SOA 的任何一个子集,而 s_1 则是包含 σ 的 SOA 的任何一个子集。那么,按照第(2)条,$\{s_1; T\}$ 是真的,而 $\{s_0; T\}$ 则是假的。□

还要再次注意,虽然每个命题都是真的或者假的,但可能出现下列两个命题都为假的情况。

128

$$\{s;[H,\mathrm{Claire},3\Diamond;1]\},$$

$$\{s;[H,\mathrm{Claire},3\Diamond;0]\}。$$

又一次，如果 s 是克莱尔不在场的一个情境，因此他既不是在 s 中有梅花三也不是在 s 中**没有**梅花三，那么就会出现这种情况。换句话说，情境 s 不属于这两个命题断言的两种类型中的任何一种。

第9章　奥斯汀命题与此世界

第1节　可及的奥斯汀命题

乍一看,上一章的简单结果有些令人惊讶,尤其是命题 2。该命题看起来表明,至少像我们对于它们的阐述那样,奥斯汀命题的真或假无关于此世界实际上碰巧呈现的状态。毕竟,我们定义了命题和真,而根本没有引进此世界。这个问题有两种考虑方式,它们在我们的建模中是有形式区别的,但仍然提出有趣的哲学问题。

一条可以考虑的线路是,这个结果只不过是我们利用集合来建模命题的一种人为现象。现实奥斯汀命题都是关于现实情境(real situations)的,而不是关于它们的集合论对应物的。按照这种线路,此世界用来确定在一个给定的现实情境中都有哪些事实,并且因此而确定该情境的适当的集合论对应物是什么。换句话说,假如此世界是一个不同的世界,那么同一情境就会被建模为不同的集合论对象,即 *SIT* 的不同元素。这类似于当我们用集合来建模性质时出现的情况:尽管同一性质可以被运用于不同事物,但同一集合却不可能具有不同元素。但是,这一切都意味着假如此世界是一个不同世界,那么同一性质本

130 会具有不同的集合论对应物，而不是意味着建模技术因此是错误的或者性质必然拥有它们的对象。作为一种人为现象，它是无足轻重的。

一条不同的线路是，现实情境的个体化是由这些情境包括的事实来决定的，因此像集合那样，情境本不可具有不同的"构成要素"。在这种情况下，一个情境是否属于一个给定的类型，确实独立于此世界。此世界仅仅决定哪些情境是现实的或实际的；对于一个给定情境中有什么事实，它什么都没有说。按照这条线路，虽然 SIT 的一个给定元素是否对应于一个现实情境的问题仍然要求我们参照此世界，但从一个情境向它的集合论对应物的转换却完全独立于此世界。

对于我们的目的来说，我们不必在这个问题上采取某一立场。这个问题涉及现实（"历史"）情境的形而上学，以及同一情境是否本可具有不同事实为构成要素的问题。然而，无论它以哪种考察方式，我们都可以在 $PROP$ 中得到大量的额外"命题"，所有这些命题都是关于集合的，而这些集合却不是现实情境的对应物。或者，更一般地说，命题实际上被分为两类，即关于现实情境的命题和关于非现实情境的命题。按照奥斯汀阐释，只有那些关于现实情境的命题才能得到真正的表达。我们称其他所有命题在实际世界中都是**不可及的**。

然而，注意，仅限于关注关于现实情境的命题并不是仅限于关注真命题。正如存在关于非现实情境的真命题那样，也存在关于现实情境的假命题。

可及命题与不可及命题之间的区分对于理解奥斯汀说谎者命题是重要的。以此为目标，我们将在下一节转向此世界的建模。这将使我们能够区别可及命题与不可及命题。但是，我们首先来注意下述命题。

命题 3 *存在真说谎者命题和假说谎者命题。*

证明：显然存在情境 s，使得关于 s 的说谎者命题 f_s 是假的。例如，根据命题 2 的第(2)条，任何只包含形如 $\langle H,a,c;i \rangle$ 事态的情境都

131 将是这样一个情境。而且，通过利用 AFA 得到一个情境 $s'=s \cup \{\langle Tr, f_s;0 \rangle\}$，我们就可以把任何情境 s 扩充为说谎者命题为真的情境。由

前面的结果,再次运用命题 2 的第(2)条即可。□

这个命题的证明实际上给出我们将要用到的下述命题。

命题 4　给定任何情境 s,则存在一个情境 $s'\supseteq s$,使得关于 s' 的说谎者命题 $f_{s'}$ 是真的。

练习 54　证明对于任何情境 s 而言,都存在一个情境 $s'\supseteq s$,使得关于 s' 的说谎者命题 $f_{s'}$ 是假的。[提示:这里用到下一章引进的一个"受保护情境(protected situation)"概念。]

第 2 节　奥斯汀世界的建模

为了刻画实际世界在奥斯汀架构中所起的作用,我们需要引进此世界的模型,以及引进一个命题相对于此世界的某个给定模型 $\mathscr{U}$ 是可及的概念。就像在罗素架构中那样,我们还引进融贯条件,以从这些模型中排除各种各样的逻辑不融贯。然而,这里的融贯条件有点简单,因为命题 p 的真无需相对于模型 $\mathscr{U}$ 而言。

定义 3

(1) 此世界的一个偏模型(partial model)$\mathscr{U}$ 是 SOA 的一个汇集,满足下列条件。

◇ 一个事态及其对偶[①]不是都在 $\mathscr{U}$ 中。

◇ 如果 $\langle Tr,p;1\rangle\in\mathscr{U}$,那么 p 是真的。

◇ 如果 $\langle Tr,p;0\rangle\in\mathscr{U}$,那么 p 是假的。

(2) 如果一个情境 $s\subseteq\mathscr{U}$,那么 s 就是模型 $\mathscr{U}$ 中的一个实际情境;如果 s 是某个模型 $\mathscr{U}$ 中的一个实际情境,那么 s 就是可能的。

(3) 如果 $About(p)$ 是在某个模型 $\mathscr{U}$ 中的一个实际情境,那么命题 p 就是在模型 $\mathscr{U}$ 中的可及命题。

---

① 对于事态 σ 的**对偶**,我们当然是指类似于 σ 但极值相反的 $\bar{\sigma}$。

（4）如果一个模型 $\mathcal{U}$ 不真包含于其他任何偏模型，那么模型 $\mathcal{U}$ 就是一个总模型。

132　　我们的总模型的定义类似于罗素极大模型的定义。但是，在罗素架构中，在它们显然不能包含每个事态或者它的**对偶**的意义上，由于存在类说谎者现象（Liar-like phenomena），所以极大模型都不是真正的总模型。对比之下，下述将证明，我们有理由在奥斯汀架构中把极大模型称为总模型。

命题 5　令 $\mathcal{U}$ 是一个总模型。那么，对于任何事态 σ 而言，σ 和它的对偶恰好有一个在 $\mathcal{U}$ 中。特别地，

◇ 对于 $a \in \{Claire, Max\}$ 和任何扑克牌 c 而言，$\langle H, a, c; 1 \rangle$ 或者 $\langle H, a, c; 0 \rangle$ 在 $\mathcal{U}$ 中，但两者不是都在 $\mathcal{U}$ 中；

◇ 对于 $a \in \{Claire, Max\}$ 和任何命题 p 而言，$\langle Bel, a, p; 1 \rangle$ 或者 $\langle Bel, a, p; 0 \rangle$ 在 $\mathcal{U}$ 中，但两者不是都在 $\mathcal{U}$ 中；

◇ $\langle Tr, p; 1 \rangle \in \mathcal{U}$，当且仅当，$p$ 是真的；

◇ $\langle Tr, p; 0 \rangle \in \mathcal{U}$，当且仅当，$p$ 是假的。

证明：请考虑最后一条，因为它是令人奇怪的一条。假设 $\mathcal{U}$ 是一个总模型，并且 p 是假的。那么，$\mathcal{U} \cup \langle Tr, p; 0 \rangle$ 也是一个模型，因此它必定等于 $\mathcal{U}$。□

虽然这个命题可能是不足道的，但它表明，在这种命题观念中出现了某种引人注目的不同的东西。我们现在转向说谎者命题。回想一下，任何给定命题是真的或者是假的，但不是两者都成立。

定理 6　令 s 是在某个模型中的一个实际情境。那么，关于 s 的说谎者命题 f_s 就是假的。换句话说，在一个模型中的任何可及的说谎者命题都只能是假的。

证明：如果 f_s 是真的，那么 $\langle Tr, f_s; 0 \rangle \in s$。但是，$s$ 在某个模型 $\mathcal{U}$ 中是实际的，因此按照此世界的模型的定义，f_s 必定是假的。□

按照我们在罗素命题那里的经验，一个总模型 $\mathcal{U}$ 的任何可及说谎者命题 f_s 的假，不应当使我们感到奇怪。然而，这里引人注目的是，命

题5使我们确信,相应的事实⟨Tr, f_s ; 0⟩将是 $\mathscr{U}$ 的一部分,虽然它对角线出(diagonalizes out of)s。这似乎使我们有接近悖论的危险。因为毕竟如果 f_s 是假的,那么这不就使它成为真的吗? 显然不是,因为我们迄今所做的就是在一种可证相容的集合论中来构造一个模型。但是,仅仅这样并不能提供我们追求的那种诊断。在随后的几节里,我们将看到,这里至少存在三个不同的东西;虽然它们都容易被忽视,但它们没有一个是悖论性的。

133

我们现在转向言真者命题。我们这里希望捕捉的直觉是,言真者命题的真值是探囊可得的。奥斯汀方案以下述方式来捕捉这种直觉。表达言真者命题的语句可以用来做出关于各种实际情境的陈述。结果,有的命题是真的,而其他命题则是假的。然而,所有命题都是可及的,它们的构成要素**情境**都是实际的。应当强调,这非常不同于说谎者命题,因为所有可及说谎者命题都是假的。

定理7 令 $\mathscr{U}$ 是此世界的任何总模型。对于某些实际情境 s 来说,言真者命题 $t_s = \{s; [Tr, t_s; 1]\}$ 是真的,而对于其他实际情境来说,它是假的。

证明:显然,对于不包含语义事实的任何情境来说,t_s 都是假的。为了证明存在言真者命题为真的实际情境,我们从任意实际情境 s 出发来考虑 $t_{s'}$,其中 s' 是情境 $s \cup \{⟨Tr, t_{s'}; 1⟩\}$。由于 $t_{s'}$ 是真的,所以事态 ⟨$Tr, t_{s'}$; 1⟩必定在 $\mathscr{U}$ 中,因此 s' 是一个实际情境。□

回想一想,正像存在真言真者命题和假言真者命题那样,存在真说谎者命题和假说谎者命题。它们的不同在于,没有一个真说谎者命题是关于实际情境的。

练习55 证明对于(在某个总模型 $\mathscr{U}$ 中的)任何实际情境 s,存在一个实际情境 $s' \supseteq s$,使得 $t_{s'}$ 是真的;并且存在另一个实际情境 $s'' \supseteq s$,使得 $t_{s''}$ 是假的。

第3节　奥斯汀世界的T-模式

究竟直觉出现了什么问题,使说谎者命题和相关命题在这种阐释中是悖论性的呢? 也就是说,当我们看到说谎者命题 f_s 为假时,为什么我们发现它不是真的就认为它是悖论性的呢? 按照命题 2 的第(1)
134 条,我们知道并非如此。但是为什么呢? 为了回答这个问题,我们引进 T-封闭和 F-封闭的"模型"和"情境"概念。

在我们的罗素命题解决方案中,我们了解到,我们不得不放弃一种基本直觉。我们可以保留 T-模式的罗素版本,但我们却不得不放弃 F-模式所体现的一种直觉,即如果此世界使一个命题成为假的,那么它为假本身就是此世界的一个事实。现在,我们转向这种模式的奥斯汀版本,来看看它们在这里的情况。现在,说谎者悖论给予人们什么寓意呢?

我们称一个模型 $\mathcal{U}$ 是 T-封闭的,如果对于任何真命题 p 而言,$\langle Tr, p; 1\rangle \in \mathcal{U}$;一个模型 $\mathcal{U}$ 是 F-封闭的,如果对于任何 p 而言,$\langle Tr, p; 0\rangle \in \mathcal{U}$。我们称一个模型是**语义封闭的**,如果这个模型既是 T-封闭的又是 F-封闭的。下述命题是命题 5 的一个直接推论。

命题 8　每个总模型都是语义封闭的。

在本节剩余部分中,我们来确立此世界的一个总模型 $\mathcal{U}$,并处理相对于这个模型的所有概念,比如"可及命题"和"实际情境"。命题 8 表明,按照奥斯汀阐释,我们完全不必放弃 T-封闭和 F-封闭的背后直觉,至少不必放弃关于此世界的一般直觉。但是,情境是我们按照奥斯汀观念而实际谈论的此世界的部分,它们的情况如何呢? 实际情境可以是 T-封闭和 F-封闭的吗?

答案是"否定的",但理由却有点是人为的。也就是说,情境都是集合,但真命题和假命题的汇集则都是真类,因此没有情境能够包含足够的事实而成为要么 T-封闭的要么 F-封闭的。然而，这种理由不是很令人信服。看来，我们应当有一个局部的受到限制的"T-封闭"或者"F-封闭"概念，以禁止按照集合与类的区分来强加给我们令人不满的答案。

人们可能首先想到的东西是，对于任何命题集 P 而言，如果对于任何真命题 $p \in P$ 而言，$\langle Tr, p; 1 \rangle \in s$，那么就称情境 s 相对于 P 是 T-封闭的；如果对于任何假命题 $p \in P$ 而言，$\langle Tr, p; 0 \rangle \in s$，那么就称 s 相对于 P 是 F-封闭的。下述结果表明，对于任何固定的命题集来说，我们总可以假设我们处理的情境相对于 P 既是 T-封闭的又是 F-封闭的。

命题 9　对于任何实际情境 s 和任何命题集 P，都存在一个实际情境 $s' \supseteq s$，使得 s' 相对于 P 既是 T-封闭的又是 F-封闭的。

证明： 对于所有真命题 $p \in P$，命题集 P 包含 $\langle Tr, p; 1 \rangle$，以及对于所有假命题 $p \in P$，命题集 P 包含 $\langle Tr, p; 0 \rangle$。命题集 P 是 *u* 的一个子集。因此，P 与 s 的**并**也是 *u* 的一个子集。□

这个结果开始看起来有点令人感到奇怪。毕竟，如何处理说谎者命题呢？我们在罗素命题那里的经验会提示，说谎者命题应当阻止某种 F-封闭。的确，对于上述"T-封闭"和"F-封闭"概念，很多理解方式都不足以捕捉 T-模式和 F-模式背后的直觉。例如，请考虑下述简单的观察结果。

命题 10　令 P 是任何命题集，令 s 是相对于 P 的 F-封闭的任何实际情境。那么，关于 s 的说谎者命题 f_s 不在 P 中。

证明： 按照定理 6，f_s 是假的。但是，如果 $\langle Tr, f_s; 0 \rangle \in s$，那么 f_s 就是真的。□

命题 10 显示出来命题 9 的迷惑性。的确，给定前面选择的任何命题集 P，我们就可以找到一个实际情境 s，使得 s 包含关于那些命题的语义事实。但是，对于 F-封闭的情境 s 而言的说谎者命题 f_s 就不可能在原初的命题集 P 中了。换句话说，我们可以把说谎者命题看作给我们提供一个从情境 s 到命题 f_s 的命题函数，该函数可以用来对角线出任何命题集 P。

在下一章中，我们将引进新的"T-封闭"和"F-封闭"概念，它们实际上就是把任何命题集 P 都替换成在我们的语言中可表达的所有命题函数的集合。但是，目前，我们且来详细看看说谎者命题给予我们的命题函数 f_s 的情况。一旦我们为我们的语言 $\mathcal{L}$ 定义奥斯汀语义学，我们将看到，这种函数自然就联系至说谎者句(λ)。当(λ)被用来做出关于任何实际情境 s_1 的一个陈述时，它就表达某个东西为假(即 f_{s_1})，但该命题为假这个事实(即 $\langle Tr, f_{s_1}; 0\rangle$)，虽然在模型 $\mathcal{U}$ 中，却不能在情境 s_1 中。如果我们把这个事实添入 s_1，那么我们就得到一个不同的实际情境 s_2。关于 s_2，说谎者命题 f_{s_2} 仍然是假的，但它却是一个完全不同的命题。如此等等。

然而，我们可以采用一种不同的重要方法，它容易被混淆为我们刚才描述的进程。如果我们从同一实际情境 s_1 出发，不是像上面那样构成 s_2，而是运用第 131 页的命题 4，那么我们就得到一个情境 s^*，它包含 s_1 为一个子集，但它的说谎者命题 f_{s^*} 却是真的。当然，由此而得，s^* 不是实际情境，或者因而甚至不是可能情境。我们在表 I 中来总结这些观察结果。

表 I

情境	实际情境	说谎者命题?
s_1	假定	f_{s_1} 是假的
$s_2 = s_1 \bigcup \{\langle Tr, f_{s_1}; 0\rangle\}$	是	f_{s_2} 是假的
$s_3 = s_2 \bigcup \{\langle Tr, f_{s_2}; 0\rangle\}$	是	f_{s_3} 是假的
$s_4 = s_3 \bigcup \{\langle Tr, f_{s_3}; 0\rangle\}$	是	f_{s_4} 是假的
$\vdots$	$\vdots$	$\vdots$
$s^* = s_1 \bigcup \{\langle Tr, f_{s^*}; 0\rangle\}$	否	f_{s^*} 是真的

当我们在直觉层次上来考虑说谎者命题时，我们就倾向于断言它的真值是"游移不定的"。我们首先看到它是假的，接着是真的，然后又是假的，如此

等等。起先,这种游移不定在我们的图景中看起来并没有被捕捉到:所有 f_s 的真值都是假的。然而,我们还没有考虑另一个命题序列。给定 s_1,由 $\{s_2;$ $[Tr,f_{s_1};0]\}$ 而定义的命题 p_{s_1} 就是真的:这个命题是说,关于扩充的 s_2,说谎者命题 f_{s_1} 是假的。类似地,命题 p_{s_2} 断言,关于 s_3,说谎者命题 f_{s_2} 是假的。这个命题序列,与前一层次相交错,展示出来这种直觉表现。(请参见表Ⅱ)

137

表Ⅱ

命题	真值
$f_{s_1}=\{s_1;[Tr,f_{s_1};\quad 0]\}$	假
$p_{s_1}=\{s_2;[Tr,f_{s_1};\quad 0]\}$	真
$f_{s_2}=\{s_2;[Tr,f_{s_2};\quad 0]\}$	假
$p_{s_2}=\{s_3;[Tr,f_{s_2};\quad 0]\}$	真
$f_{s_3}=\{s_3;[Tr,f_{s_3};\quad 0]\}$	假
$p_{s_3}=\{s_4;[Tr,f_{s_3};\quad 0]\}$	真
$\vdots$	$\vdots$

前面这两个表中的信息可以刻画为图示 16。

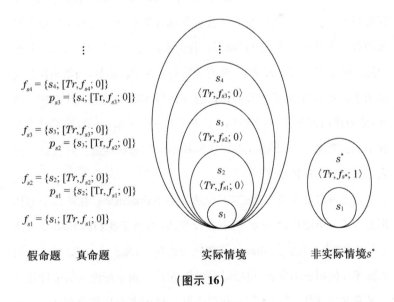

（图示 16）

一旦我们为 𝓛 给出一种奥斯汀语义学，我们就可以看出表 I 右列显示的那个层次的说谎者命题 f_{si} 都是由说谎者句

$$\neg \mathbf{True(this)}$$

138 来表达的。命题之间的不同完全在于它们的关于情境。对比之下，表 II 中的命题 p_{si} 是由稍微不同的语句

$$\neg \mathbf{True(that_1)}$$

来表达的，其中 **that₁** 被用于指称说谎者命题 f_s。换句话说，真命题 p_s 正是解决强化说谎者悖论所需要的命题。它们允许我们逻辑学家后退一步，识出 f_s 为假，考虑新的事实，并且用它来说：关于扩充情境 s_2，说谎者命题 f_s 是不真的。该命题与说谎者命题具有相同的类型，但它们的关于情境却是不同的。这样，我们就既尊重了 (λ_1) 与 (λ_2) 表达的命题具有密切联系的直觉，又尊重了后者那个命题是真的而非假的直觉。

注意，如果奥斯汀解决方案是正确的，那么我们就揭示出来两种不同的歧义，它们在罗素解决方案或者其他任何给语句而不是给命题赋值的解决方案中都不能得到阐释。我们来区分一个语句的意义与其做出陈述的命题内容。直觉上，前者应当是一种命题函数，当给出该命题的关于情境时，它就给予我们该命题，而后者则就是这样一个命题。因此，从命题内容上讲，一个语句可以具有歧义（ambiguous），而不具有两种不同的意义（meanings），不表达两种不同的命题函数。这就是上述表 I 捕捉到的那种歧义。

第二种歧义涉及表达式"本命题（this proposition）"在英语中起作用的方式。英语代词"this"既有自反用法，相当于我们的 **this**，又有指示用法，相当于我们的 **that₁**。这意味着语句"本命题不是真的"可以用来陈述任何明显的命题，包括说谎者命题 f_s。由于所论及的情境几乎总是隐含的，所以说谎者句在英语中既可以用来表达假命题 f_s，又可

以用来表达真命题 p_{s_1}。

　　这两种歧义似乎还不够完全阐明问题,在第 12 章中,我们将探讨说谎者悖论涉及的最危险的歧义,即否定与否认之间的歧义。

第 10 章　奥斯汀语义学

第 1 节　$\mathscr{L}$ 的奥斯汀语义学

现在,我们来表明奥斯汀命题,包括循环命题,是如何成为我们的语言 $\mathscr{L}$ 的语句的语义值的。这一次,我们必须捕捉的基本直觉是:给定任何语句 $\varphi(\textbf{this},\textbf{that}_1,\cdots,\textbf{that}_n)$,以及命题指示词 $\textbf{that}_1,\cdots,\textbf{that}_n$ 的任何命题指派 $q_1,\cdots,q_n$ 和任何情境 s,人们可以用 φ 来表达关于 s 的命题 p,而同时用指示词 $\textbf{this}$ 来指称同一命题。

朝着这个目标,我们把一个**奥斯汀指派**(Austinian assignmen)定义为:任何定义在某个命题指示词集上并且以奥斯汀命题为值的函数 c。对于一个语句 φ 的一个**奥斯汀语境**(Ausitinian context)c_s,我们的意思是指,由语句 φ 的一个情境 s 和一个指派 c 而构成的一个序对 $\langle s,c \rangle$,其中 c 被定义在除 $\textbf{this}$ 之外的 φ 的其他所有命题指示词上。当除了 $\textbf{this}$ 以外 φ 不包含其他指示词时,我们就把形如 c_s 的任何语境简记为 s。对于一个**陈述** Φ,我们的意思是指,一个语句 φ 带有一个对于它而言的语境 c_s。一个**合法陈述** Φ 是指,其情境 s 是实际情境的陈述。

我们分两步来定义陈述 Φ 表达的命题 $Exp(\Phi)$,这非常类似于在罗素语义学那里的定义。我们先在命题未定量 $p, q_1, \cdots$ 和唯一的情境未定量 s 中给每个公式 $\varphi(\mathbf{this}, \mathbf{that}_1, \cdots, \mathbf{that}_n)$ 指派一个参量命题（或者命题函数）$Val(\varphi)$。当 φ 是一个语句时，未定量 $\mathbf{p}$ 将不出现于 $Val(\varphi)$，因此我们就可以把 $Exp(\varPhi)$ 定义为一个命题，它得自给命题函数 $Val(\varphi)$ 添入由语境 c_s 而具体确定的未定量 $\mathbf{q}_i$ 和 $\mathbf{s}$ 的值。

140

　　虽然由于新的奥斯汀命题结构更丰富所以更复杂一些，但它的形式定义却完全类似于它的罗素对应物。我们先引进命题未定量 $\mathbf{p}$，$\mathbf{q}_1, \cdots, \mathbf{q}_n, \cdots$ 和一个情境未定量 $\mathbf{s}$。我们定义的参量事态类 $ParSOA$、情境类 $ParSIT$、类型类 $ParTYPE$ 和命题类 $ParPROP$，除了我们允许 $\mathbf{s} \in ParSIT$ 和 $\mathbf{p}, \mathbf{q}_1, \cdots \in ParPROP$，都类似于定义 1。在给出我们对于 Val 的定义中，我们把类型 T 的**对偶**记作 $\overline{T}$，即

$\diamondsuit$　$\overline{[\sigma]} = [\sigma']$，其中 σ' 是 σ 的对偶；

$\diamondsuit$　$\overline{\wedge \{T, U, \cdots\}} = \vee \{\overline{T}, \overline{U}, \cdots\}$；

$\diamondsuit$　$\overline{\vee \{T, U, \cdots\}} = \wedge \{\overline{T}, \overline{U}, \cdots\}$。

简单地运用有解引理，就表明这个定义是一个良定义。

　　定义 4　*我们如下定义一个从语句到参量命题的函数* $Val(\varphi)$。

　　(1) 如果 φ 是 $(\mathbf{a} \ \mathbf{Has} \ \mathbf{c})$，那么 $Val(\varphi) = \{\mathbf{s}; [H, a, c; 1]\}$；

　　(2) 如果 φ 是 $(\mathbf{a} \ \mathbf{Believes} \ \mathbf{that}_i)$，那么 $Val(\varphi) = \{\mathbf{s}; [Bel, a, \mathbf{q}_i; 1]\}$；

　　(3) 如果 φ 是 $(\mathbf{a} \ \mathbf{Believes} \ \mathbf{this})$，那么 $Val(\varphi) = \{\mathbf{s}; [Bel, a, \mathbf{p}; 1]\}$；

　　(4) 如果 φ 是 $(\mathbf{a} \ \mathbf{Believes} \ \psi)$，并且 $Val(\psi) = \mathbf{q}$，那么 $Val(\varphi) = \{\mathbf{s}; [Bel, a, \mathbf{q}; 1]\}$；

　　(5) 如果 φ 是 $(\mathbf{True} \ \mathbf{that}_i)$，那么 $Val(\varphi) = \{\mathbf{s}; [Tr, \mathbf{q}_i; 1]\}$；

　　(6) 如果 φ 是 $(\mathbf{True} \ \mathbf{this})$，那么 $Val(\varphi) = \{\mathbf{s}; [Tr, \mathbf{p}; 1]\}$；

　　(7) 如果 φ 是 $(\mathbf{True} \ \psi)$，并且 $Val(\psi) = \mathbf{q}$，那么 $Val(\varphi) = \{\mathbf{s}; [Tr, \mathbf{q}; 1]\}$；

　　(8) 如果 φ 是 $(\psi_1 \wedge \psi_2)$，并且 $Type(Val(\psi_i)) = T_i$，那么 $Val(\varphi) = \{\mathbf{s}; \wedge \{T_1, T_2\}\}$；

如果 φ 是 $(\psi_1 \vee \psi_2)$，并且 $Type(Val(\psi_i))=T_i$，那么 $Val(\varphi)=\{\mathbf{s};$ $\vee\{T_1,T_2\}\}$；

(9) 如果 φ 是 $\neg\psi$，并且 $Type(Val(\psi))=T$，那么 $Val(\varphi)=\{\mathbf{s};\overline{T}\}$；

(10) 如果 φ 是 $\downarrow\psi$，那么 $Val(\varphi)$ 就是方程 $p=Val(\psi)(\mathbf{p},\mathbf{q}_1,\cdots)$ 的唯一的解 $p\in ParPROP$。

再一次，通过对公式进行简单地归纳，对上述第(10)条运用有解引理，我们就得到下述引理。

引理 11 对于出现于 φ 的每个 **that**$_i$ 而言，$Val(\varphi)$ 是一个参量命题，包含参量 $\mathbf{s}$ 和 $\mathbf{q}_i$，并且如果 **this** 在 φ 中是自由的，那么 $Val(\varphi)$ 还包含附带参量 $\mathbf{p}$。

然后，我们把 φ 在语境 c_s 中表达的命题以明显的方式而定义为：

$$Exp(\varphi,c_s)=Val(\varphi)(s,c)。$$

其中右边表示把 s 指派给 $\mathbf{s}$，把 $c(\mathbf{that}_i)$ 指派给 $\mathbf{q}_i$。下面是引理 11 和 $PROP$ 定义的一个直接推论。

定理 12 对于任何语句 φ 和它的语境 c_s 而言，在 $PROP$ 中都存在一个唯一的命题 $Exp(\varphi,c_s)$。

对于由语句 φ 和语境 c_s 而构成的任何陈述 Φ 来说，我们有定义 $Exp(\Phi)=Exp(\varphi,c_s)$。我们注意到，如果 Φ 是一个合法陈述，那么 $Exp(\Phi)$ 就是一个可及命题。

在此，我们来看看我们的定义如何来捕捉语言如何工作的基本奥斯汀图景。回想一想，按照奥斯汀，做出陈述的行为是由在一个语境中说出一个语句而构成的，其中包括指称某个实际（或"历史"）情境。这表明我们以语句与语境这对东西来表征一个陈述是合理的。按照奥斯汀，如果该语境决定的这个情境属于某种特定的类型，即由该语言的语义（或"描述"）规约所确定的那种类型，那么该陈述就是真的。

定义4试图为我们的简单人工语言详细地刻画出来这些描述规约谈及什么。定理 12 告诉我们，这些描述规约总是允许我们用"this"这个词来指称所表达的命题。我们来看一些例子，以理解这在实践上是如何工作的。

例 9 假设 Φ 是陈述 $\langle \varphi, s \rangle$，其中 φ 是 $\neg$(**Max Has 5**$\diamond$)。这表征一句话，其中说者断言，关于特定情境 s，麦克斯没有方块五。按照定义 4，$Exp(\Phi) = \{s; [H, \text{Max}, 5\diamond; 0]\}$。这个命题是真的，仅当$\langle H,$ Max$,5\diamond;0\rangle$ 在 s 中。

例 10 回顾言真者句 τ：$\downarrow$ **True**(**this**)。该语句的一个合法语境仅仅要求该陈述关于一个实际情境。因此，对于任意实际情境 s 而言，形如$\langle \tau, s \rangle$ 的任何陈述都是合法的。Val 的定义告诉我们，Val(True(this))$= \{\mathbf{s}; [\text{Tr}, \mathbf{p}; 1]\}$，因此 $Val(\tau)$ 是 $PrePROP$ 的唯一元素 p，满足

$$p = \{\mathbf{s}; [\text{Tr}, \mathbf{p}; 1]\}。$$

把这个未定量 **s** 替换为 s，我们就得到在定义关于 s 的言真者命题 t_s 中所用到的那个方程。因而，正如所期望的，$Exp(\tau, s) = t_s$。一个较早的定理表明，某些形如$\langle \tau, s \rangle$ 的合法陈述表达真命题，而一些则表达假命题。

例 11 回顾说谎者句(λ)就是语句 $\downarrow \neg$True(this)。因而，一个合法的说谎者陈述是由一个序对$\langle \lambda, s \rangle$ 而构成的，其中 s 是实际情境。按照上述定义，这个陈述表达唯一的命题 $p = \{s; [Tr, p; 0]\}$。这就是上面所用的说谎者命题 f_s。由于这个陈述被假定是合法的，所以 s 就是实际情境，因而 f_s 是假的。

在上一章中，我们探讨了把说谎者句视为给我们提供一种从情境到命题的命题函数。现在，我们可以把它等同于参量命题 $Val(\lambda)$。更一般地，对于任何不包含 **that**$_1$，**that**$_2$，$\cdots$ 的语句 φ 而言，$Val(\varphi)$ 是只含有一个参量 **s** 的参量命题 $p(\mathbf{s})$。

练习 56 给定一个实际情境 s，令 s' 是情境 $s \bigcup \{\langle Tr, f_s; 0 \rangle\}$，并且令 $c_{s'}$ 是一个语境，它把 f_s 指派给 **that**$_1$。辨识命题 $Exp(\neg$**True**(**that**$_1$)$, c_{s'})$，并确定它的真值。

练习 57 在为 $\mathcal{L}$ 给出罗素语义学中，我们明确地表明如何把这种

143   语义学从单独的语句扩充到语句序列，使得指示词 **that**$_i$ 自动地指称该序列表达的第 i 个命题。我们把上述定义的类似扩充给读者留作练习。

第 2 节   可表达命题的 T-封闭

现在，我们回到第 9 章末探讨的 T-和 F-封闭问题。在那里，我们有一对简单但相反的结果，它们涉及情境，那些情境相对于命题集 P 是封闭的。具体地讲，我们看到，如果我们由固定的 P 和 s 出发，那么我们就总可以把 s 扩充为一个情境 s'，使得 s' 相对于 P 既是 T-封闭的又是 F-封闭的。这的确是可能的，即使 P 包含说谎者命题 f_s。然而，P 必然不包含关于该新构成的情境的说谎者命题 $f_{s'}$。

这些结果提示，我们对于 T-封闭和 F-封闭的表述遗漏了某种关键的东西。如果我们限定于关注可表达命题，那么后者那个结果就表明，相对于关于 s 的可表达命题集，不存在 F-封闭的实际情境 s。这就产生一个问题，我们是否可以得到相对于所有可表达命题的 T-封闭呢？也就是说，是否存在实际情境 s 对于关于 s 的所有可表达命题都是 T-封闭的呢？

为了肯定地回答这个问题，并因此明显地对比 T-封闭与 F-封闭，我们引进可表达命题的新的"T-封闭"和"F-封闭"概念。为简单起见，我们将假定，我们的语句不包含形如 that$_i$ 的任何指示词。对于某个语句 φ 而言，如果命题 $p = Exp(\varphi, s)$，那么我们就称关于 s 的命题 p 是**可表达的**。如果一个情境 s 相对于关于 s 的所有可表达命题的集合是 T-封闭(F-封闭)的，那么情境 s 对于可表达命题就是 T-封闭的(F-封闭的)。

正如我们在例 11 中所表明的那样，我们的奥斯汀语义学给我们提供一种自然的方式把每个语句 φ 与一个参量命题 $p_\varphi(\mathbf{s})$ 联系起来。我们可以把这种新封闭性看作旧封闭性的参量版本,实际上就是把集合 P 替换为以 s 为未定量的命题函数集。因此,例如,一个情境 s 对于可表达命题是 T-封闭的,仅当对于形如 p_φ 的每一个命题函数来说,如若 $p_\varphi(s)$ 是真的,则该事实在 s 中。

　　如前,假设我们使用的是某个固定的总模型 $\mathcal{U}$,则我们有下述结果。

定理 13

　　◇ 令 s_0 是一个实际情境。那么,存在一个实际情境 s,使得 $s_0 \sqsubseteq s$,并且 s 对于可表达命题是T-封闭的。

　　◇ 没有实际情境对于可表达命题是 F-封闭的。

　　这里的第二个结果来自前面对于说谎者句(λ)的观察。它的参量命题对角线出任何可能情境。第一个结果的证明比较复杂,其过程大致如下。从一个情境 s_0 出发,我们构造一个语句集 T,这些语句表达关于 s_0 的真理,要么假如 s_0 是 T-封闭的,那么这些语句就本会表达真理。于是,利用这个集合和 AFA,我们构造一个扩充情境 s,使得对于每个 $\varphi \in T$,命题 $Exp(\varphi,s)$ 都是真的。但是,这里有一个麻烦。在某些情况下,我们不能保证,一个语句 φ 表达关于 s_0 的真理,也表达关于 s 的真理。例如,请考虑语句 $\neg$**True(Claire Has 3♣)**。如果 $\langle Tr, p_{s_0}; 0 \rangle \in s_0$,其中 $p_{s_0} = \{s_0; [H, \text{Claire}, 3♣; 1]\}$,那么这个语句就表达一个关于 s_0 的真理。然而,注意,对于各种各样的情境 $s \sqsupseteq s_0$,都无以禁止 s 也可以包含形如 $\langle Tr, p_s; 1 \rangle$ 的事实,其中 $p_s = \{s; [H, \text{Claire}, 3♣; 1]\}$。的确,克莱尔在较大情境中可以有梅花三,因此 $\neg$**True(Claire Has 3♣)** 就不能表达关于它的一个真命题,即使同一语句表达关于初始情境 s_0 的一个真命题。

　　于是,为了证明我们的定理,我们就需要找到一种方法,以保证我们最终构造的情境 s 无关于 s_0。为此,我们引进"保护"概念。对于情

境 s 的传递闭包①中的每个命题 p，如果 $s \nsubseteq About(p)$，那么就称 s 是**受保护的**（protected）。如果我们从一个受保护情境 s_0 出发，那么我们就不必担心表达关于 s_0 的真命题的任何语句和关于某个扩充情境 $s \supseteq s_0$ 的假命题了。下述引理表明，在上述结构的构造中，我们可以假定我们使用的是一个受保护情境。

145

引理 14 每个实际情境 s_0 都包含于一个受保护实际情境 s。

证明：我们可以假定，s_0 包含某个扑克牌事实 σ；如果不包含，就添加一个。事实 σ 仅仅利用类型的合取就产生出不同类型的一个真类。选择其中一个类型，比如 T，它不在 s_0 的传递闭包中。那么，命题 $p = \{s_0 ; T\}$ 就是真的，并且不在 s_0 的传递闭包中。令 $s = s_0 \bigcup \{\langle Tr, p ; 1 \rangle\}$，并注意 s 是 s_0 的一个真扩充（proper extension）。假设 s 不是受保护的。那么，必定存在一个命题 q 在 s_0 的传递闭包中，使得 $s \subseteq About(q)$。但是，q 必定是 p，要么必定是在 s_0 的传递闭包中。然而，容易看出，这两个假定都导致矛盾。□

为了证明定理 13，我们需要另一个引理。该引理用到第 7 章引进的"可证"概念。

引理 15 令 ψ 和 ψ' 是 $\mathscr{L}$ 的语句。那么，下列表述是等值的。

(1) 存在一个情境 s，使得 $Exp(\psi, s) = Exp(\psi', s)$。

(2) 对于任何情境 s 而言，$Exp(\psi, s) = Exp(\psi', s)$。

(3) $\psi \rightleftharpoons \psi'$ 是可证的。

我们现在仅是假定这个引理，它是下一节的我们的奥斯汀证明论的一个重要结果。利用这些引理，我们现在就可以来证明这个定理了。我们有些详细地介绍这个证明，因为这个思想将被用于证明我们的主要结果之一，即第 11 章中的映像定理（Reflection Theorem）。

假定 s_0 是受保护的。令 T 是如下定义的正规形式语句集：

---

① 回想一想第 43 页的练习 12，一个集合 B 是传递的，如果 $x \in y \in B$ 蕴涵 $x \in B$。一个集合的传递闭包是该集合包含的最小传递集。

(1) 如果 φ 是（**a Has c**）或者 $\neg$（**a Has c**），那么 $\varphi \in T$，当且仅当 $Exp(\varphi, s_0)$ 是真的；

(2) 如果 φ 是一个原子信念句或一个被否定的原子信念句，或者是一个形如（$\neg$**True** ψ）的语句，那么 $\varphi \notin T$；

(3) 如果 φ 是一个形如（**True** ψ）的语句，那么 $\varphi \in T$，当且仅当存在一个正规形式语句 $\psi' \in T$，使得 $\psi \rightleftharpoons \psi'$ 是可证的；

(4) 如果 φ 是 $\psi_1 \equiv \psi_2$，那么 $\varphi \in T$，当且仅当 $\psi_1 \in T$ 并且 $\psi_2 \in T$；

146

(5) 如果 φ 是 $\psi_1 \equiv \psi_2$，那么 $\varphi \in T$，当且仅当 $\psi_1 \in T$ 或者 $\psi_2 \in T$。

给定 T，我们利用有解引理来如下定义 s：

$$s = s_0 \bigcup \{\langle Tr, Exp(\varphi, s) ; 1\rangle \mid \varphi \in T\}。$$

我们断言，对于任何正规形式语句 φ 而言，

$\varphi \in T$，当且仅当，$Exp(\varphi, s)$ 是真的。

我们暂且假定这个断言，并来结束这个定理的证明。首先由此直接得出，所有事实 $\langle Tr, p ; 1\rangle \in (s-s_0)$ 都是模型 $\mathscr{U}$ 的事实，因此 s 是实际情境。现在，我们可以看到，s 对于可表达命题是 T-封闭的。因为，令 p 是一个关于 s 的可表达的真命题，则由于任何可表达命题都可以用一个正规形式语句来表达，所以对于某个 $\varphi \in T$ 而言，$p = Exp(\varphi, s)$ 也是真的。因而，正如所期望的那样，$\langle Tr, p ; 1\rangle \in s$。

为结束证明，我们仅仅需要确立上述关于封闭的正规形式语句的断言。这由施归纳于 φ 来证明。这些情况由上述定义的 T 的那些条款即可得出。(1) 从上述定义直接得出。(2) 用到 s 是受保护的假定，该假定保证这些形式的语句都不能表达关于 s 的真命题。(3) 是一种主要情况，它的 φ 是（**True** ψ）的形式。首先假定 $Exp(\varphi, s)$ 是真的。由于 ψ 也是一个语句，所以情况必定是，对于某个 $\psi' \in T$ 而言，$Exp(\psi, s) =$

$Exp(\psi',s)$。但是，按照下一节的结果，$\psi \rightleftharpoons \psi'$便是可证的。于是，$\psi \in T$。(4)和(5)也都是常规的，留给读者去证明。

这就完成了这个定理的证明。□

开放问题 2   这个定理的证明有点令人不满，因为我们必须首先转到一个受保护情境。令人不满的是，通过保护所解决的问题源自我们的形式语言 $\mathscr{L}$ 的表达局限性，或者更准确地说，源自我们给它提供的简化奥斯汀语义学的表达局限性。请考虑一个语句 φ，它包含于某个较大的语句 ψ，诸如(True φ)或者(a Believes φ)。我们当前的语义学只允许内嵌句和套嵌句(the embedded and embedding sentences)被用于描述同一情境。我们做出这个假定是为了简化，以及有利于与罗素情况相比较。然而，从奥斯汀观念来看，这是一种不自然的限制。一个说者应当能够报道(report)麦克斯具有一个关于某个情境的信念，而该信念的命题内容却是关于其他某个情境的。我们应当有一个较完满的阐释，它可以用刚才提示的方式来增强 $\mathscr{L}$ 的表达力。这样一种阐释或许允许我们证明定理 13 的一种版本而不必绕道一个受保护情境。

第 3 节   更多例子分析

有了定理 13，我们现在就可以转而再次考察第 1 章提出的各种各样的例子，来看看它们在奥斯汀阐释中如何表现了。我们已经在某些细节上探讨了说谎者命题，虽然我们还将在第 12 章中更多地探讨它。我们还简单地在定理 7 中刻画了言真者命题的表现。但是，关于言真者命题的这两种解决方案之间的不同，应当做出一些评论。在罗素解决方案中，

(τ) **True(this)**

这个语句仅可表达一个命题。这样表达的这个命题是经典的,但它是未定的。这意味着它在某些极大模型中是真的,但在其他模型中则是假的。但是,它是否为真却不能由该模型的非语义事实来确定。

在奥斯汀解决方案中,τ 可以用来表达很多不同命题,这些命题是关于不同情境的。我们已经注意到,在我们的奥斯汀阐释的模型中,一个命题的真或假无关于此世界的模型 $\mathcal{U}$。该模型用来确定哪些命题是可及的:在这里,为了简单起见,我们假定命题是可及的,当且仅当,它们是关于实际情境的。从这种观点看,我们是否可以真正地运用 τ 的英语版本来表达一个真命题,取决于是否存在由"实际"(actual)情境而建模的一个现实(real)情境,正像在定理 7 中所构造的"实际"情境那样。但是,根据关于**真**的某些观点,包括实证论或者热衷于程序的那些观点,可能不存在任何现实情境对应于,例如,下述情境:

148

$$s = \{\langle Tr, t_s; 1 \rangle\} \, 。$$

对于这样的问题,我们的阐释无需采取立场:它对于一种抽象阐释来说将是完全相容的,该抽象阐释认为所有**真正**可及的言真者命题事实上都是假的,或者甚至都是真的。当然,对于认为现实情境 s 不涉及或者认为涉及事实 $\langle Tr, t_s; 1 \rangle$,我们必须给出独立的证实。

这里的情境类似于集合论中的情境。罗素悖论向我们表明,所有不是自身元素的集合的汇集本身不能是一个集合,因此必定是一个真类。但是,以自身**为**元素的集合的汇集的情况怎么样呢? 没有集合论悖论给我们提供一个答案。按照策墨罗的观念,这确实是一个集合,即空集。但是,按照阿泽尔的观念,它是一个真类。正如当逻辑遇到汇集的大小时单独的逻辑是中立的那样,单独的逻辑也不能告诉我们是否可以用言真者句去表达一个真命题。

我们接着来考虑最短的**说谎者循环**。因而,我们有两个语句,$\alpha =$ **True(that₂)** 和 $\beta = \neg$**True(that₁)**。为了简单,假设说者们正在谈论同一实际情境 s,虽然这个假设在分析中不起什么作用。

命题 16

(1) 对任何实际情境 s,命题 $Exp(\alpha, s)$ 都是假的。

(2) 存在实际情境 s,使得 $Exp(\beta, s)$ 是真的。

(3) 然而,如果 s 对于可表达命题是 T-封闭的,那么 $Exp(\beta, s)$ 就是假的。

证明:(1) 令 p 和 q 分别是 α 和 β 表达的关于 s 的命题。为了理解 p 是假的,假设它是真的。那么,$\langle Tr, q; 1\rangle \in s$。但是,由于 s 是现实的,所以 q 是真的。但是,q 断定 p 为假是 s 的一个事实。所以,p 是假的。

(2) 请考虑一个情境 $s = \{\langle Tr, Exp(\alpha, s); 0\rangle\}$。令 p 和 q 分别是 α 和 β 表达的关于 s 的命题。那么显然,q 是真的,而 p 则是假的。后面这个事实使得 s 是实际的。

(3) 除了一个细节,这是对于(1)的论证的一个常规扩充。我们需要保证,不带指示词 **that₁** 和 **that₂** 的 α 和 β 表达的命题都是可表达的。为了理解这一点,请考虑 **True(¬True(this))** 和 **¬True(True(this))** 表达的关于 s 的命题。容易看出,这些就是所期望的命题。□

命题 16 表明,按照奥斯汀阐释,在最短说谎者循环中的两个命题之间,存在一种微弱的不对称。断定 α 的那个人错了:他的所说必定是假的。然而,断定 β 的那个人可以谈论一个受到很大限制的情境,使得他的所说可以是真的,但那是在不使第一个断言为真的情况下是真的。然而,命题 16 的第(3)条表明,如果我们限定于关注对于可表达命题 T-封闭的那些实际情境,那么这种情况就不会发生。

练习 58　证明对于任何实际情境 s_0 而言,都存在一个实际情境 $s \sqsupseteq s_0$,使得 β 表达的关于 s 的命题是真的。

练习 59　命题 16 提出一个问题,是否说谎者循环 $\alpha_1, \cdots, \alpha_n, \beta$ 中的所有 α_i 都起相同的作用,或者其中一个,可能是第一个或最后一个,存在某种特别的东西吗? 为回答这个问题,请考虑,对于任意情境 s,说谎者循环命题 $p_1(s), p_2(s), q(s)(= Exp(\alpha_1, \alpha_2, \beta; s))$。

(1) 证明如果 s 是实际的,那么命题 $p_1(s)$ 就是假的。

(2) 找出一个实际情境 s,使得 $p_2(s)$ 和 $q(s)$ 都是真的。

(3) 相反,证明如果 s 对于可表达命题是 T-封闭的,那么 $p_2(s)$ 和 $q(s)$ 也都是假的。

接着,我们转向两个人每人都断言,他们自己的断言是真的而另一人的断言则是假的。于是,我们感兴趣的语句是(**True**(**this**) $\wedge \neg$**True**(**that₂**))和(**True**(**this**) $\wedge \neg$**True**(**that₁**))。为了符号表达方便,对于任何两个情境 s_1 和 s_2,我们用下列方程来定义命题 $p(s_1,s_2)$ 和 $q(s_1,s_2)$。

150

$$p=\{s_1;[Tr,p;1]\wedge[Tr,q;0]\},$$
$$q=\{s_2;[Tr,q;1]\wedge[Tr,p;0]\}。$$

命题 17

(1) 对于任何实际情境 s_1 和 s_2,命题 $p(s_1,s_2)$ 和 $q(s_1,s_2)$ 至多一个是真的。

(2) 存在实际情境 s_1 和 s_2,使得 $p(s_1,s_2)$ 是真的,而 $q(s_1,s_2)$ 是假的。类似地,反之亦然。

(3) 存在实际情境 s_1 和 s_2,使得 $p(s_1,s_2)$ 和 $q(s_1,s_2)$ 都不是真的。

我们把它的证明留作练习。然而,注意,如果两个说者表达的是关于同一实际情境的命题,那么由于相同于在罗素语义学中的(人为)原因,他们实际上表达同一命题。在这种情况下,他们两人表达的是相矛盾的东西,并因而是假的。因此,唯一有意思的地方是,他们谈论的是不同的情境。但是,即使我们限定于关注不同的情境,读者还应当证明,命题 17 的第(3)条是真的。

我们接着转向一对语句,按照罗素语义学,它们表达**偶然说谎者**命题:

(**Max Has 3♣**) $\vee \neg$**True**(**this**),

(**Max Has 3♣**) $\wedge \neg$**True**(**this**)。

容易看出,如果这些语句都被用来表达关于实际情境 s 的命题,而 s 却不包含麦克斯有梅花三的事实，那么它们都是假的。但是，如果它们都被用来表达关于实际情境 s 的命题，而麦克斯在 s 中确实有梅花三，那么第一个命题必定是真的，而第二个则是假的。

练习 60 为麦克斯没有梅花三的偶然说谎者循环，给出一个奥斯汀分析。

我们现在转到**古普塔疑难**。我们将看到，我们还没有足够的工具，以按照奥斯汀阐释来完满地处理这个疑难。为了简单，假设两个说者表达的命题是关于同一实际情境 s 的命题，其中 s 包括事态 $\langle H, \text{Claire}, A\clubsuit; 1\rangle$ 和 $\langle H, \text{Max}, A\clubsuit; 0\rangle$。下面是每个说者表达的关于 s 的命题。

R 的断言

$r_1(s) = \{s; [H, \text{Max}, \clubsuit; 1]\}$

$r_2(s) = \{s; [Tr, p_1(s); 1] \wedge [Tr, p_2(s); 1]\}$

$r_3(s) = \{s; [Tr, p_1(s); 0] \vee [Tr, p_2(s); 0]\}$

P 的断言

$p_1(s) = \{s; [H, \text{Claire}, A\clubsuit; 1]\}$

$p_2(s) = \{s; [[Tr, r_1(s); 0] \wedge [Tr, r_2(s); 0]] \vee$

$\qquad\qquad [[Tr, r_1(s); 0] \wedge [Tr, r_3(s); 0]]\}$

首先，显然，$p_1(s)$ 是真的，而 $p_2(s)$ 则是假的。其次，显然，$r_2(s)$ 和 $r_3(s)$ 之一是假的。然而，在这个语境下，这不能保证 $p_2(s)$ 是真的。相关的事实可能从 s 那里漏掉了。如果 $p_2(s)$ 是真的，以及如果 s 对于可表达命题是 T-封闭的，那么我们可以得出，$r_2(s)$ 是真的，而 $r_3(s)$ 则是假的。然而，一般地，没有任何东西能够保证 $p_2(s)$ 是真的。但是，按照现在的标准结构，我们可以证明，每个实际情境 s_0 都是所期望的实际情境 s 的部分。这是我们目前所能做到的。

这里有两种考察方式。一种是，我们需要一个 F-封闭的实例来获得 p_2 的真，但我们还没有这样的实例。然而，在下一章中，我们将证明，存在像极大罗素模型(maximal Russellian models)那样的任意大的情境,因此有足够的 F-封闭使我们通过这个步骤。另一种考察方式有关于否定与否认的不同。比较讲得通的处理是,P 的第二个陈述表达的东西,即在上述环境中为真的东西,弱于 $p_2(s)$。我们将在倒数第二章中回到这个提法。

在我们的悖论列表中,最后一个例子是**强化说谎者**,正像(λ_1)和(λ_2)这一对语句所表达的。但是,我们已经在前一章末探讨了这些语句。在那里,我们注意到,(λ_1)表达说谎者命题 f_{s_1},而(λ_2)则可以用来表达真命题 p_{s_1}。后者就是命题 f_{s_1} 为假,它不是关于 s_1 的,而是关于更大情境 $s_1 \bigcup \{\langle Tr, f_{s_1}; 0 \rangle\}$ 的。因而,截然相反于罗素阐释,一位奥斯汀派逻辑学家可以认识到说谎者命题 f_{s_1} 为假,后退一步,并用语句(λ_2)来表达这个事实。

152

练习 61 证明命题 $r_1(s)$、$r_2(s)$、$r_3(s)$、$p_1(s)$ 和 $p_2(s)$ 每个都可以运用个体句(individual sentences)来表达,即用除了"this"而没有其他命题指示词的语句来表达。我们在下一章中回到古普塔疑难时将用到这个结果。

练习 62 证明对于每个实际情境 s_0,都存在一个实际情境 $s \sqsupseteq s_0$,使得 $p_2(s)$ 和 $r_2(s)$ 都是真的。

第 4 节　奥斯汀完备性定理

本节预设第 7 章阐述的内容。在第 7 章中,我们发展一种证明论,以分析当语句表达同一罗素命题时它们之间的关系。在本节中,我们表明,这里所用的同一种证明论,在一种非常强的意义上还可以分析表达同一奥斯汀命题的关系。

定理 18(奥斯汀可靠性和完备性定理)　对于 $\mathscr{L}$ 的任何两个语句 φ 和 ψ,下列表述是等值的:

(1) 运用第 7 章的公理和规则,可得 $\varphi \rightleftharpoons \psi$。

(2) 对于某个情境 s 而言，$Exp(\varphi,s)=Exp(\psi,s)$。

(3) 对于每个情境 s 而言，$Exp(\varphi,s)=Exp(\psi,s)$。

这个结果有两个有用的系理。第一，语句表达同一罗素命题，仅当它们表达关于某个情境 s 的同一奥斯汀命题。第二，我们看到，如果两个语句表达关于一个情境 s_1 的同一命题，那么关于其他任何情境 s_2，它们也表达同一命题。因而，表达同一命题，无关于我们感兴趣的是哪种阐释，并且在奥斯汀阐释中，还可以从一个情境转到另一个情境。这个结果是定理 13 的证明的一个假定，并且还将被用于下一章的映像定理的证明。① 的确，对于这些结果的需求是发展我们的证明论的最初动机。

153　　这种可靠性和完备性定理的这两个重要部分的证明基本上都仅仅是相应的罗素可靠性和完备性定理的证明的参量版本，因此给定前面的证明，这里可以阐述得很简单。

(1)$\Rightarrow$(3)的证明。这个证明完全类似于第 114 页第 7 章中的可靠性定理的证明。唯一的不同是，赋值函数 F 必须满足：对于某个 $\varphi\in e$ 和某个 s 而言，$F(Pe)=Exp(\varphi,s)$。我们把它留给读者来证明。□

(2)$\Rightarrow$(1)的证明。这个证明完全类似于第 114 页第 7 章中的完备性定理的证明。固定一个特定情境 s。像在那个证明中那样来定义 A，并且像在那里描述的那样来考虑集合 S，除了我们希望在 S 中，$\varphi_0 \rightleftharpoons \psi_0$ 当且仅当 $Exp(\varphi_0,s)=Exp(\psi_0,s)$。显然，$S$ 再次是齐次的。□

---

① 特别地，我们将需要，给定一个语句 φ，则存在一个正规形式语句 ψ，使得 $\varphi\rightleftharpoons\psi$ 是可证的，因此在所有这些意义上，ψ 表达同一命题，就像初始的 φ 那样。

第11章 罗素阐释与奥斯汀阐释的联系

第1节 作为对角线论证的说谎者悖论

在我们的罗素构建中,我们遭遇到此世界的一种非直觉的部分性。类说谎者命题产生大量的涉及它们的真值的第二类"事实",它们受到悖论的惩罚而不能真正地融入此世界。这种部分性不影响奥斯汀世界(Austinian world):每个命题的真值都是第一类事实,即此世界的一个真正的构成要素。然而,这里还存在一种本质部分性。这种部分性不是此世界本身的性质,而是命题能够关涉的此世界的那些部分的性质。或者,如果我们按照语言来考察它,那么我们就看到,虽然此世界像你能够想象的那样大,但我们一般不能做出关于此整个世界的陈述。

这个结论隐含在很多奥斯汀构建中,它可以被揭示出来,并且可以被移出我们的特定的命题模型。假设存在本书本篇所建模的那种命题,并且它们都是关于现实世界的部分的命题;我们把这些部分称为"实际情境"。我们的出发点是一种普遍观察结果,即某些命题自动地对角线出这些命题关于的实际情境这种事实。因此,对于任何实际情境 s,说谎者命题 f_s 为假不可能是 s 的一个事实。这类似于一种普遍

155　观察结果,即对于任何集合 a,无论良基与否,罗素集 $z_a = \{x \in a \mid x \notin x\}$ 都不能是 a 的一个元素。由这两种的每种观察结果,我们都可以得出一个更具体的结论。由后者,我们可以得出,没有集合是大全的 (universul),没有集合包含所有集合为元素:全集(univeral set)u 的任何候选者都至少遗漏集合 z_u,因而都不是全集。正是因为如此,由前一观察结果,我们可以得出,没有实际情境是大全的,没有实际情境能够包含此世界的所有事实。因为无论我们认为一个实际情境 w 有多么包容,它都必定至少漏掉 f_w 是假的这个第一类事实。因此,正如罗素结构向我们表明不可能存在全集那样,说谎者命题结构表明,命题可以关于的情境达不到大全程度。

　　读者将会注意到,我们的两种阐释都预设集合与类的区分,尽管对于它的阐述不多。在这两种阐释中,此世界的(极大/总)模型都是真类,而情境则是集合。但是,在罗素阐释中,这种特征仅仅是模型的一种人为现象。在那里,我们本可以容易地把自己限制于有穷或可数的命题,因此我们的此世界的模型也本会都是集合。假如我们那样做,那么我们本无需限制事实集的规格;事实集就是情境,它在 $\mathscr{M} \models p$ 的定义中具有关键作用。

　　这与奥斯汀结构的对比截然分明。因为上面给出的对角线论证表明,在奥斯汀观念的建模中,我们被迫接受集合与类的类似区分。当然,通过把情境和命题都限制在小于某个固定的基数内,我们本可以保证总模型都是集合。但是,那样的话,说谎者命题结构就会表明,我们的此世界的模型,虽然是集合,但太大而不是情境。因此,不可避免的是,此世界的奥斯汀模型应当超出它们的构成要素**情境**,如果不是因为集合与类的区分,那么就是因为其他原因。这仅仅是我们把说谎者命题结构嵌入我们的集合论模型中的一个结果。

　　总之,上述考察提示,我们把奥斯汀语言观念及其与此世界的关系视为罗素观念的一种更简单的实现。也就是说,我们可以把罗素世界视为此整个现实世界的一个简单的**部分**,即一个命题可以关于的部分。

当然,它不能囊括所有存在的事物,因而存在奥斯汀观念可以捕捉和表 156
达的事实,但这些事实却超出罗素观念的范围。因此,最初表现为奥斯
汀命题的表达局限性的东西,实际上却是它们具有更强表达力的一种
反映,即它们超出罗素观念限定的固定界限的能力。在下一节中,我们
接受这种直觉思想,并在"映像"定理中给予它更有力的表达。

第 2 节　映像定理

映像定理(Reflection Theorem)背后的基本思想是,至少就可表达
命题来说,任何罗素模型 $\mathcal{M}$ 都可以被一个奥斯汀情境 m 所镜像
(mirrored)。对此,我们的大概意思是,如果一个语句 φ 表达一个罗素
命题 p 在 $\mathcal{M}$ 中是真的(或假的),那么 φ 就可以用来表达一个关于 m 的
奥斯汀命题 p_m,它在 m 中具有相同的真值。因而,一位罗素学者总可
以认为他自己表达一个关于此整个世界的命题,但一位奥斯汀学者却
总是认为自己表达一个关于某个大的实际情境的命题,而不是关于此
整个总世界的命题。这种优点是显然的,因为它仅仅以人们希望的方
式而允许此世界本身是总世界,所以我们就拯救了一种直觉,即如果说
谎者命题是假的,那么它为假就必定是此世界的部分。

我们称一个可能情境 m **镜像**一个极大罗素模型 $\mathcal{M}$,如果对于 $\mathcal{L}$ 的
每个语句 φ 来说,下述内容成立:

$\mathcal{M} \models Exp(\varphi)$,当且仅当,$Exp(\varphi, m)$ 是真的。

注意,如果一个情境 m 镜像一个罗素模型 $\mathcal{M}$,那么 m 就将反映出
在殆语义封闭的定义中给这样的模型添加的条件。在表明镜像存在之
前,我们以命题的形式来详细阐述这个事实及其简单推论。

命题 19　令 m 是某个极大罗素模型的一个镜像。那么,对于 $\mathcal{L}$ 的
任何语句 φ:

（1）$\langle Tr,Exp(\varphi,m);1\rangle\in m$，当且仅当，$Exp(\varphi,m)$是真的；

（2）$\langle Tr,Exp(\varphi,m);0\rangle\in m$，当且仅当，$Exp(\neg\varphi,m)$是真的；

（3）$Exp((True\ \varphi),m)$是真的，当且仅当，$Exp(\varphi,m)$是真的；

（4）$Exp(\neg(True\ \varphi),m)$是真的，当且仅当，$Exp(\neg\varphi,m)$是真的；

（5）$Exp((True\ \varphi\wedge\psi),m)$是真的，当且仅当，$Exp((True\ \varphi),m)$是真的并且$Exp((True\ \psi),m)$是真的；

（6）$Exp(\neg(True\ \varphi\wedge\psi),m)$是真的，当且仅当，$Exp(\neg(True\ \varphi)$，$m)$是真的或者$Exp(\neg(True\ \psi),m)$是真的。

证明：（1）和（2）得自镜像的定义和极大罗素模型都是殆语义封闭的这个事实。其他几条则仅是这两条的一些推论。□

需要特别注意的是，镜像都是 T-封闭的。这些封闭性质的强度表明，某些工作将涉及镜像存在的证明，因为存在殆语义封闭的罗素模型不是直接显而易见的。还要注意，AFA 对于该证明是关键的，因为镜像必然是循环的。我们现在就转向映像定理的证明工作。

定理 20（映像定理） 此世界的每个极大罗素模型都被某个可能情境所镜像。的确，给定任何极大罗素模型 $\mathscr{M}$ 和任何可能情境 s，该情境 s 与 $\mathscr{M}$ 的基本"扑克牌事实"是协调的，则存在一个可能情境 $m\supseteq s$，使得 m 镜像 $\mathscr{M}$。

证明：这个结果的证明类似于每个实际情境都包含于一个实际的 T-封闭的情境的证明，并且它们运用相同的引理。这里的直觉思想是，一个罗素模型 $\mathscr{M}$ 给我们提供足够的融贯性来构造一个可能情境 m 来镜像 $\mathscr{M}$。

假定 s 是受保护的。令 At 是原子句 φ 的集合，使得 $Exp(\varphi)$ 在 $\mathscr{M}$ 中不是悖论性的。按照极大性，这等于说 $\mathscr{M}\models Exp(\varphi\vee\neg\varphi)$。令 At_1 是 At 的在 $\mathscr{M}$ 中表达真命题的元素的集合，At_0 是 At 的在 $\mathscr{M}$ 中表达假命题的元素的集合。对于每个 $\varphi\in At$，我们定义一个参量事态如下：

◇ 如果 φ 是 $(True\ \psi)$，那么 $\sigma_\varphi(s)=\langle Tr,Val(\psi);i\rangle$，其

中 $\varphi \in At_i$。

　　◇ 如果 φ 是(a Has c)，那么 $\sigma_\varphi(s) = \langle H, a, c; i \rangle$，其中 φ
$\in At_i$。

　　◇ 如果 φ 是(a Believse ψ)，那么 $\sigma_\varphi(s) = \langle Bel, a, Val(\psi);$
$i \rangle$，其中再次 $\varphi \in At_i$。

它们都是**参量**事态，其原因源于一个事实，即我们在第 1 行和第 3 行中　158
使用了形如 $Val(\psi)$ 的参量命题。它们有唯一的参量涉及情境。

　　现在，我们来定义所期望的镜像：

$$m = s \bigcup \{\sigma_\varphi(m) \mid \varphi \in At\}。$$

按照有解引理，存在这样一个情境。我们首先证明，(1) 如果 $\mathcal{m} \models$
$Exp(\varphi)$，那么 $Exp(\varphi, m)$ 是真的。对于正规形式语句（根据上一节的
定理），这足以得到证明。对于原子句和被否定的原子句来说，这直接
得自 m 的定义。它的归纳步骤是标准的。

　　利用(1)，我们证明，(2) m 是一个可能情境。根据 s 是受保护的，
我们首先观察到 m 是融贯的。由此得出，不存在可表达类型 T，使得
m 属于类型 T 并且属于类型 $\overline{T}$。

　　还要证明：(3) 如果 $\langle Tr, Exp(\psi, m); 1 \rangle \in m$，那么 $Exp(\psi, m)$ 是真
的；(4)如果 $\langle Tr, Exp(\psi, m); 0 \rangle \in m$，那么 $Exp(\psi, m)$ 是假的。这两个
结果是平行的，因此我们将只证明(4)。

　　假定 $\langle Tr, Exp(\psi, m); 0 \rangle \in m$。那么，存在一个 $\varphi \in At_0$，使得 $\sigma_\varphi(m)$
$= \langle Tr, Exp(\psi, m); 0 \rangle$。为了使这个等式成立，$\varphi$ 必须是(True ψ')的形
式，其中 $Exp(\psi, m) = Exp(\psi', m)$。由于 $\varphi \in At_0$，所以 $\mathcal{m} \models Exp(\neg$
(True ψ'))，并且由于 $\mathcal{m}$ 是殆语义封闭的，所以 $\mathcal{m} \models Exp(\neg \psi')$。由上
面的(1)得，奥斯汀命题 $Exp(\neg \psi', m)$ 是真的。因此，根据上面关于类
型及其对偶的论述，$Exp(\psi', m)$ 是假的。但是，这恰好就是命题 Exp
(ψ, m)。

　　为结束该证明，我们需要表明，(5) 如果 $Exp(\varphi, m)$ 是真的，那么

$\mathcal{M} \models Exp(\varphi)$。我们利用第 114 页的语句模型存在定理。于是，按照 $\mathcal{M}$ 的极大性，足以证明，φ 对于 $\mathcal{M}$ 而言是相容的，即存在一个语形见证函数 w，它的定义域包含 φ，使得 w 对于 $\mathcal{M}$ 而言是相容的。我们可以把 w 的定义域视为所有正规形式语句 ψ，使得 $Exp(\psi, m)$ 是真的。对于任何这样的 ψ，我们令 $w(\psi)$ 是所有原子句和被否定之原子句的集合，这些原子句和被否定之原子句表达关于 m 的真命题。容易看出，w 是一个语形见证函数，并且它对于 $\mathcal{M}$ 来说是相容的，因为 m 是融贯的。□

映像定理的直觉重要性是显然的。从罗素视角（Russellian perspective）转向奥斯汀视角涉及放弃一种信念，即我们可以利用任何语句来表达关于此整个世界的命题。乍一看，这似乎涉及相当大地限制我们的表达能力。映像定理表明，这种限制是一种错觉。因为我们可以表达关于情境的命题，这些情境实际上囊括一个罗素世界（Russellian world）包含的每个事物。并且，即使这样，这也不是一条上界：因为无论何时我们有一个情境 m 镜像罗素世界，我们都可以继续表达关于更包容的情境的奥斯汀命题，包括 $m \bigcup \{\langle Tr, f_m; 0 \rangle\}$。因而，我们可以谈论情境，在某种意义上，它们超出任何融贯罗素模型的界限。奥斯汀解决方案显然增强我们的表达能力，而远不是限制。

在我们的处理过程中，我们假定，任何实事集，即总模型 $\mathcal{U}$ 的任何子集，绝对构成一个情境。而且，我们假定，一个人可以做出关于任何这样的情境的一个合法陈述。在一个情境的这种自由解释下，将存在一些合法陈述，它们表达一些非常不自然的命题。例如，如果

$$s = \{\langle H, \text{Max}, 3\clubsuit; 1 \rangle\},$$

那么

$$(\text{Max Has } 3\clubsuit) \wedge (\text{True} (\text{Max Has } 3\clubsuit))$$

表达的关于 s 的命题就将是假的。但是，这看起来违反一种直觉，即语义事实一般依赖于它们背后的原始事实。

这些直觉提示，说者在他们谈及的情境中自动地依赖某种语义封

闭性。当然,说谎者悖论向我们表明,我们不可能具有完全的封闭,因为说谎者命题 f_s 的假自动地对角线出任何实际情境 s。我们可以引进一个"殆语义封闭情境(almost semantically closed situation)"概念,这类似于在罗素解决方案中运用的那个概念,并且限定于关注关于这种情境的命题。映像定理向我们表明,存在这些情境的一个丰富的汇集。如果我们这样做,那么关于情境 s 的断定(Max Has 3♣)的真就可以保证关于同一 s 的断定(True (Max Has 3♣))的真。

　　关于我们的模型论阐释与在现实世界中使用的现实语言之间的关系,这些考虑提出两个重要问题。一个问题是,在我们称作"实际"情境的集合论情境中,哪些真正地表征现实情境。另一个问题是,语言规约允许我们谈论哪些现实情境。在我们的阐释中,没有任何东西使我们承诺断言一个模型中的每个事态集都对应于一个现实情境:现实情境显然满足一些额外制约(constraints),而我们没有把它们构建入我们的模型。在我们的阐释中,也没有任何东西使我们承诺断言一个人可以做出一个关于任意现实情境的陈述。例如,我们或许只能做出关于满足一定封闭条件的情境的断言。

160

　　我们前面曾引进一个"T-封闭情境"概念,并用它来讨论像说谎者循环那样的各种各样的例子。然而,有一个例子,即古普塔疑难,没有立即以我们直觉提示它应当呈现的方式呈现出来。在那里,对于所指情境(situation referred to)来说,我们不能依赖任何种类的极大性,因而我们不能得出 $p_2(s)$ 是真的。但是,镜像极大模型的情境准确地提供一种未曾得到的完备性,而这种完备性是这个例子涉及的直觉推理所需要的。

　　练习 63　令 m 是一个极大模型的一个镜像,并考虑关于 m 的命题 $r_1(m)$、$r_2(m)$、$r_3(m)$、$p_1(m)$ 和 $p_1(m)$,把它们视为由古普塔疑难而产生的命题。证明它们具有所期望的真值。

　　古普塔疑难的关键是,我们进行推理的具体语义事实涉及各种各样的命题。在直觉推理中,我们可以自由地获取关于所涉及命题的所有相关语义事实。在罗素观念中，我们看到，极大模型自动地给我们提供这种获取路径。一旦我们转向奥斯汀观念，其中命题是关于具体情境的，我们就看到，这种推理就是无效的，除非所论及的情境给我们提供类似路径以通向所有相关的语义事实。T-封闭的情境在这里是不足够的，但极大模型的镜像是足够的。

练习 64　映像定理是一种列文海姆-司寇伦定理（Löwenheim-Skolem theorem），但它是 AFA 的一种根本运用，因为每个镜像都是极其非良基的。虽然一个极大罗素模型 $\mathcal{M}$ 总是一个真类，但它的一个镜像 m 却总是一个集合。请算出在映像定理的证明中构造的镜像的基数。

开放问题 3　我们的奥斯汀镜像（Austinian mirror）定义依赖于一个"极大罗素模型"概念。似乎，一个人应当能够在纯粹奥斯汀术语中直接刻画这个概念。

开放问题 4　戴维·库克（David Kueker）证明，通常的列文海姆-司寇伦定理存在有趣的相反情况。[①] 特别地，他定义一个"殆每可数模型（almost every countable model）"概念，并且证明对于各种各样的语言，一个语句在一个不可数模型中成立，当且仅当，它在殆每可数子模型中都成立。把映像定理视为一种列文海姆-司寇伦定理，使人想起寻找一种相反的类似情况。一个人能够有意义地让一个语句 φ 表达关于"殆每"实际情境的一个真命题 $Exp(\varphi,s)$ 吗？这个目标表明，对于任何总奥斯汀模型（total Austinian model）$\mathcal{U}$ 而言，都存在一个极大罗素模型 $\mathcal{M}_{\mathcal{U}}$，使得对于任意语句 φ 而言，$\mathcal{M} \models Exp(\varphi)$，当且仅当对于 $\mathcal{U}$ 的殆每实际情境，命题 $Exp(\varphi,s)$ 是真的。我们的推测，如果一个人可以提出这样一个概念，并且证明这个结果，那么他也可以表明，$\mathcal{U}$ 的殆每实际情境是 $\mathcal{M}_{\mathcal{U}}$ 的一个镜像。

---

①　请参见，例如，Kueker(1977)。

第 3 节　悖论句的刻画

对于语句、命题与真之间的关系，我们提出两种相互竞争的阐释。总的说来，第二种，即奥斯汀阐释，看起来更尊重我们的前理论语义直觉：每个命题都是真的要么不是真的，此世界是语义封闭的，以及内部假与外部假之间不存在不同。然而，按照这种阐释，迄今为止仍有一个事实没有得到说明，这个简单事实是，类说谎者句作为直觉上有问题的东西敲打着我们。乍一看，奥斯汀阐释看起来太直白了，因为它不能把这些问题句与其他比较普通的语句区别开来。在本节中，我们将利用前面的结果，尤其是映像定理，来表明奥斯汀阐释确实给这些直觉问题句提供一种自然的刻画。

162

定义 5　$\mathscr{L}$ 的一个语句 φ（相对于罗素语义学）是内在悖论性的，如果 $Exp(\varphi)$ 是内在悖论性的。但是，一个语句 φ（相对于奥斯汀语义学）是必然假的，如果对于每个可能情境 s，命题 $Exp(\varphi,s)$ 都是假的。

存在很多必然假的语句，即不能在任何可能情境中成立的语句。然而，这样一个语句的否定通常将在某个情境中成立。普通矛盾及其永真的否定就是实例。相似地，语句

$$((\text{True } \varphi) \wedge \neg \varphi)$$

是必然假的，而它的否定却不是。

然而，说谎者句(λ)却不同。它和它的否定都不能用来表达关于任何可能情境的一个真命题。结果显示，这是内在悖论句相对于罗素语义学的一种普遍特征。

定理 21　一个语句 φ 在罗素语义学中是内在悖论性的，当且仅当 φ 和 $\neg \varphi$ 在奥斯汀语义学中都是必然假的。

证明：它的一半直接得自映像定理。映像定理表明，如果一个语句

表达一个命题，该命题在某个罗素模型中是真的（或者假的），那么存在一个可能情境 s，使得所表达的关于 s 的奥斯汀命题具有相同的真值。反过来，容易证明，如果 φ 要么 $\neg\varphi$ 表达关于某个可能情境的一个真命题，那么正如在映像定理的证明的最后一步中那样，对于这两个每个语句，都存在一个相容的语形见证函数。于是，由语句模型存在定理，就得出结果。□

它的另一种表述方式是，一个封闭语句 φ 是内在悖论性的，仅当 $\varphi \vee \neg\varphi$ 是必然假的。这看起来好像我们放弃了经典逻辑，但这种表现主要是语形上的。迄今为止，我们一直把 $\neg\varphi$ 的所有用法都处理为断定。但是，当我们回顾断定与否认之间的区别时，我们就认识到，$\neg\varphi$ 的一种断定不同于 φ 表达的命题的一种否认。如果 φ 表达的命题是假的，那么显然，它的否认就是真的。但是，在奥斯汀架构中，就目前构建的这种架构而言，这种否认是不能被表达的。在下一章中，我们扩展我们的阐释以包括否认。

练习 65　扩展上述定理，为表达偶然悖论命题的语句，给出一种奥斯汀刻画。

练习 66　利用奥斯汀架构，对于在罗素架构中表达经典命题的语句做出刻画。

练习 67　为表达有根基的和确定的罗素命题的语句，给出一种奥斯汀刻画。

第 12 章　否定与否认

从某些方面来说,说谎者悖论的奥斯汀解决方案似乎太完美了,不是真的。我们仅仅把一个命题关于的情境揭示出来,就看起来从根本上拯救了我们关于**真**和**假**的所有前理论直觉。每个命题都是真的或者假的,没有任何东西禁止任何这样的事实成为此世界的部分。特别地,我们无需像在罗素解决方案中那样来区分此世界的内部与外部语义事实。

面对该悖论的这种解决方案,人们的反应通常是指责奥斯汀阐释不过是通过避免真正的否定来回避该悖论。诚然,对于命题,我们不过是把**假**当作**不真**。但是,我们的所有奥斯汀命题都仍然具有一种肯定特征,包括利用涉及否定的语句而表达的那些肯定特征。我们可以说一个情境属于麦克斯没有梅花三的类型,而不说它**不属于**麦克斯**有**梅花三的类型。由于情境都是部分的,这两者之间存在一种重大的差异。

这对于说谎者命题也同样。根据迄今所介绍的机制,我们可以断定,一个情境 s 属于一种否定类型,断定它是说谎者命题不真的情境。但是,我们不能否认一种肯定断言,即 s 属于说谎者命题**为真**的类型。奥斯汀阐释的成功,关键取决于这种表达限制吗?我们能够避免我们的其他直觉遭受损害,是因为奥斯汀断定总是本质肯定的吗?

奥斯汀本人认为,否定句的断定与真正的否认之间存在一种关键的不同。在本节中，我们将简单地探讨，当我们的奥斯汀命题类被扩充为既包括肯定断定又包括否认时，会出现什么情况。为此目的，我们增加形如$\overline{\{s;T\}}$的命题：它是真的，仅当情境 s **不**属于类型 T。当然，增加这些新命题就将产生新事态、新情境和新类型。我们的定义完全类似于（相应的）初始定义，包括 $TYPE$ 是在合取和析取下原子类型的闭包 $\Gamma(AtTYPE)$。

定义 6　令 SOA、SIT、$AtTYPE$ 和 $PROP$ 是最大的类，满足：

◇ 每个 $PROP$ 都是形如

- $\{s;T\}$，要么
- $\overline{\{s;T\}}$，

其中 $s \in SIT$，并且 $T \in \Gamma(AtTYPE)$。

◇ 每个 SOA 都是形如

- $\langle H, a, c; i \rangle$，要么
- $\langle Tr, p; i \rangle$，要么
- $\langle Bel, a, p; i \rangle$，

其中 H、Tr 和 Bel 是不同的原子，a 是克莱尔或麦克斯，c 是一张标准的扑克牌，i 是 0 要么 1，$p \in PROP$。

◇ 每个 SIT 都是 SOA 的一个子集（强调集合）。

◇ 每个 $AtTYPE$ 都具有$[\sigma]$的形式，其中 $\sigma \in SOA$。

我们对于关系 OF 的定义保持不变，尽管该关系自身当然需要扩充以容纳新的情境和类型。然而，**真**的定义现在需要一个附加条款：

定义 7　令 $TRUE$ 是 $p \in PROP$ 的类，使得

◇ $p = \{s;T\}$，并且 s 属于类型 T，要么

◇ $p = \overline{\{s;T\}}$，并且 s 不属于类型 T。

166　　我们的此世界的总模型和偏模型的定义无需改变，相关的"实际情境"和"可及命题"概念也无需改变。我们重复这些定义仅仅是为了方便读者。

定义 8

（1）此世界的偏模型 $\mathscr{U}$ 是 SOA 的一个集合或者类，满足：

$\diamondsuit$ 没有事态及其对偶都在 $\mathscr{U}$ 中；

$\diamondsuit$ 如果 $\langle Tr,p;1\rangle\in\mathscr{U}$，那么 p 是真的；

$\diamondsuit$ 如果 $\langle Tr,p;0\rangle\in\mathscr{U}$，那么 p 是假的。

（2）一个情境 s 在模型中是实际的，如果 $s\sqsubseteq\mathscr{U}$。

（3）一个命题 p 在模型 $\mathscr{U}$ 中是可及的，如果 About(p) 在 $\mathscr{U}$ 中是实际的。

（4）一个模型 $\mathscr{U}$ 是总模型，如果它不真包含于其他任何偏模型。

我们现在来看一些例子。

例 12　令

$$p=\{s;[H,\mathrm{Max},3\clubsuit;0]\},$$
$$q=\overline{\{s;[H,\mathrm{Max},3\clubsuit;1]\}}。$$

如果 $[H,\mathrm{Max},3\clubsuit;0]\in s$，那么命题 p 是真的；而如果 $[H,\mathrm{Max},3\clubsuit;1]\notin s$，那么 q 是真的。

例 13　（否认的说谎者命题）对于任何情境 s 和命题 p 来说，都存在一个命题否认 p 在 s 中是真的，即否认 p 为真是 s 的一个事实。这个命题就是：

$$D(s,p)=\overline{\{s;[Tr,p;1]\}}。$$

利用 AFA，我们又一次得到一个固定点 d_s，这就是唯一的命题 $p=D(s,p)$。也就是说，对于每个 s，我们都得到一个新的说谎者命题：

$$d_s=\overline{\{s;[Tr,d_s;1]\}}。$$

命题 d_s 否认 d_s 为真是 s 的一个事实。如果我们不把某人说"本命题不是真的"解释为一个断定而是解释为一个否认，那么相反于前面的"断定"说谎者命题 f_s，它将表达命题 d_s。

从表面上看，这些否认的说谎者命题的外貌和表现都很像断定的说谎者命题。特别地，它们有些是真的，而其他的则是假的。

167

定理 22   如果 s 是实际的，那么关于 s 的否认的说谎者命题 d_s 是真的，而断定的说谎者命题 f_s 则是假的。

证明：假定 d_s 不是真的。那么，s 属于类型 $[Tr, d_s; 1]$。但是，根据我们的模型的融贯条件，d_s 必定是真的。□

给出这个简单证明，要点是对比它与关于断定的说谎者命题的相应定理的证明，以及比较它们两者与第 20 页第 1 章给出的关于说谎者命题的直觉推理。读者可以参照那个推理的第（3）步和第（4）步。注意，定理 6 的证明利用第（3）步推理，而上述定理的证明则利用第（4）步推理。这就提示导致悖论的直觉推理发生在另一种歧义上，这种歧义不涉及情境的转换，而是混淆了否定断言的断定（断定的说谎者命题）与肯定断言的否认（否认的说谎者命题）。

在这里，我们看到，说谎者命题与一种新的"翻转"联系起来，它相当不同于第 9 章末描述的游移。在那里，我们注意到，当我们扩充我们的情境 s 以包括说谎者命题 f_s 为假时，命题 p_s 是真的，它是说关于新扩充的情境，f_s 是假的。但是，关于这个新情境的说谎者命题，结果再次是假的，如此等等。这种命题层次，以及真值交替，取决于不断扩充的情境层次，每层都包括更多的语义事实。命题的这种无穷层次与一对语句联系在一起，这种层次源于这些命题的关于情境的歧义。

这种新"翻转"不涉及情境的变化。因为断定的说谎者命题 f_s 是假的，而否认的说谎者命题 d_s 则是真的，即使对于一个固定的情境 s 而言也是如此。因此，不能清晰地区分否认与否定，导致我们混淆一个真命题与一个假命题。使避免这种混淆变得更困难的一个事实是，正像关于 s 的否认的说谎者命题那样，关于 s 的**断定的说谎者命题**的否认，即命题 $\overline{\{s; [Tr, f_s; 0]\}}$，是真的（这由定理 6 而得出）。这应当与断定**断定的说谎者命题**为假相对比，断定**断定的说谎者命题**就是**断定的说谎者命题**本身。

练习 68   证明存在一个实际情境 s，使得 f_s 的否认是真的，而 $q = \{s; [Tr, d_s; 1]\}$ 则是假的。

168

练习 69　经常有人论证，否认命题预设该命题被否认。这看起来禁止命题是它们自己的否认。证明在目前的架构中，没有命题是它自己的否认。我们把是否存在任何自然扩充断言这样一个命题留作一个开放问题，注意这样一个步骤看起来要求引进非实质命题。

如果我们忽略情境的部分性，那么有两条原理看起来是可信的，但它们会使我们陷入麻烦。我们来依次考察它们。

第一条原理是奥斯汀本人很可能会假定的原理。为精确起见，奥斯汀区分了否定与假，但没有区分否定与否认，虽然他的例子都是我们进行这种区别的例子。因而，他看起来假定，人们可以把一个命题的否认等同于断定该命题是假的。这样一种混淆会预设一条原理，即如果一个命题 p 的否认是真的，那么 p 是假的这个命题就必定是真的。在目前的架构中，这可以精确表述为：

$$\text{如果}\,\overline{\{s;T\}}\,\text{是真的，那么}\,\{s;[Tr,\{s;T\};0]\}\,\text{就是真的。}$$

第二条原理是，如果一个命题 p 的否认 q 是真的，那么 q 是真的这个命题也是真的：

$$\text{如果}\,\overline{\{s;T\}}\,\text{是真的，那么}\,\{s;[Tr,\overline{\{s;T\}};1]\}\,\text{就是真的。}$$

这些原理的非形式的英语翻译看起来是可信的。然而，当我们把出现于奥斯汀版本中的隐含参量揭示出来时，我们就看到，它们的可信性依赖于我们把 s 视为囊括每个事实的情境。的确，在类说谎者现象面前，这两条原理都不能完全普遍地成立。特别地，第一条原理冲突于断定的说谎者命题，第二条原理则冲突于否认的说谎者命题。

注意，虽然这两条原理都必须被拒斥，但存在紧密相关的真原理。特别地，如果否认命题$\overline{\{s;T\}}$是真的，那么我们知道，将总是存在一个情境 $s'\sqsupseteq s$，使得$\{s';[Tr,\{s;T\};0]\}$和$\{s';[Tr,\overline{\{s;T\}};1]\}$都是真的。的确，对于普通的没问题的命题，我们完全可以有 $s'=s$。

我们无意把否认命题用作我们的语言 $\mathcal{L}$ 的语义值。那样做会使我们卷入逻辑文献中的最基本的混淆之一，即否定与否认的混淆。对于这些现象,为了公平起见,我们必须扩充我们的语言以包括一个额外的否定算子,或者扩充其他某种工具来标示否认。为了实施这种修改,就必须做出很多决定,但这些决定会使我们远离本书的主题。然而,所得的解决方案却至少具有一种重要优势。在合取、析取和否认下封闭命题类,将产生一个在逻辑上完全经典的命题概念。这样的命题将承认循环,将既包括断定又包括否认,还将为命题逻辑的所有标准定律提供解释,没有例外。在这方面,显然在奥斯汀语言观念中,没有任何东西能够把人们赶出标准逻辑,即使它表面上相反于像定理 21 那样的结果。于是,我们可以看到,这种对经典逻辑的明显违背,全部涉及内部否定,而涉及否认的那种否定的表现正像逻辑学家们所期望的那样。

对于断言说谎者悖论的一种困难源头必定有关于否定与否认之间的歧义,作为充分理解该断言的一种方式,我们仅按照否定和否认来重述我们对于内在悖论句的刻画。我们称一个语句 φ 是**内在可否认的**(intrinsically deniable),如果对于每个可能情境 s 而言,$Exp(\varphi,s)$ 的否认是真的。有了该说谎者句,我们就有这样的一个例子,一个语句是内在可否认的,但它的否定却是必然假的。下述系理仅仅是定理 21 的一种重新表述。

系理 23   一个语句 φ 在罗素语义学中是内在悖论性的,仅当 φ 是内在可否认的,而 $\neg\varphi$ 是必然假的。

170   否认与否定之间的不同,一旦被指出来,非常容易接受,但更容易忘记。这在逻辑学中尤其是如此,逻辑学强调把**真**当作语句的一种性质,而否认则被放逐到实用论的废纸篓。一般地,忽视这种区分没有严重危害,就像在去超市的途中忽视相对论的作用而不会导致问题那样。但是,在接近光速时,忽视相对论的作用就导致悖论性的结果。这在语义学领域也相似。系理 23 指出,当接近像说谎者句那样的语句时,如果忽视否定与否认之间的不同,我们就有招致悖论的危险。

第 13 章　结　语

在我们试图理解看起来导致悖论的语义机制中，我们走了一条又远而又有些技术性的道路。在它的末端，我们走下这条道路，来总结我们学到了什么，并把它归入某种观点。

第 1 节　悖论的正确处理

悖论在很多领域中都是重要的：它们迫使我们揭示通常隐含的假定，并且在极限情况下检验那些假定。而且，一条共同的线索贯穿很多著名悖论的解决方案，即揭示它的值在导致悖论的推理中变化不定的某个隐含参量。

每当一个人在此世界中遭遇明显的不融贯现象时，他要找的一个自然的东西就是其值发生变化的某个隐含参量。请考虑两个无关紧要的例子，它们非常简单，绝不会赢得悖论的称号。假设我们正在打电话，我知道时间是下午 4 点，而你却坚称是晚上 7 点。我们两人可以都是正确的吗？当然，如果我在帕洛-阿托（Palo Alto）而你在波士顿（Boston），那么我们两人就可以都是正确的。时间通常被处理为一瞬，并且这种假定对于我们的较小活动范围来说是运行良好的。但是，在长途交流和旅行中，我们就被迫来注意在我们的时间指派系统中起作用的额外参量：我们在地球上的位置。我们会这样来处理它：所指派的时间不是一瞬的一种简单性质，而是这一瞬与位置之间的关系。我们这个幼小"悖论"迫使我们把这个额外参量揭示出来。

请看另一个例子。假设我们正在看着两个人，我说 A 在 B 的左侧，而你说 B 在 A 的左侧。我们两人都可以是正确的吗？当然可以，因为我们对于 A 和 B 可以具有不同的视角。在这里，通常被表达为二元关系的东西实际上是一个三元（或更多元）关系，其中一个论元是由说者的位置来固定的。这种例子大量存在，但有些不是这么容易被看穿。例如，所谓的相对论的悖论实际上不是悖论，而是表明，两个同时发生的事件的关系，看起来是一个二元关系，而实际上却是一个三元关系：**相对于一个观察者**的两个同时发生的事件的三元关系。我们难以虑及这第三个参量，当考虑的速度接近光速时，这就导致我们出现错误。

走近传统悖论，来考虑罗素的著名的理发师悖论。"有一个人给并且仅给所有那些不给自己刮胡子的人刮胡子，"这个语句可以用来表达一个真命题吗？如果该理发师自己处于量词短语"所有那些人"的范围，那么他当然就不能，因为该理发师不得不给自己刮胡子当且仅当他不给自己刮胡子。但是，如果语境把这个量词隐含地限制于，比如，所有居住在牛津的人，那么这个语句就可以表达一个真命题。因而，结果只能是，该理发师本人不能是牛津的居民。在这里，该隐含参量提供给我们某个有限汇集，即牛津人，而该理发师则仅仅是"对角化出"（diagondizes out）这个汇集而已。牛津人都不能给每个不给自己刮胡子的牛津人刮胡子。但是，女人或者来自基德灵顿（kidlington）的男人却可以。

甚至素朴集合论悖论也是如此运行的，虽然它们很少从这种观念的相当观念上被展现出来。回想一想，罗素悖论涉及的集合是以如下方式来定义的：

$$z = \{x \mid x \notin x\}。$$

常见的推理链条表明,这个所谓的集合必须**既是又不是**它自己的元素,因此我们就面临着悖论的威胁。该悖论的解决是在定义或"理解"集合中引进一个新的参量。这种新的理解原理给予我们的是罗素的定义的一个参量化版本,该版本为每个集合 a 刻画一个集合 z_a: 173

$$z_a = \{x \in a \mid x \notin x\}。$$

现在注意,一旦这个参量被揭示出来,前面看起来导致悖论的推理就不再导致悖论了。即使我们允许非良基集进入我们的集合全域,也是如此。如果 a 是良基的,那么 $z_a = a$;而如果 $a = \{\text{Max}, \Omega, a\}$,那么 $z_a = \{\text{Max}\}$。以前的悖论现在表明,无论我们处理的集合是否是良基的,z_a 都绝不是 a 的一个元素。由此,我们可以总结,不存在"全"集。因为假如存在一个全集 u,那么按照 u 的大全性,z_a 就本不得不属于它,但同时按照我们关于集合 z_a 的一般结论,z_a 又本会不属于它。换句话说,由于 z_a 对角线出 u,就像那位理发师对角线出牛津那样,所以 u 原本就不会是全集。因而,当我们忽视该综合参量时而显现为一个悖论的东西,一旦它的这种参量被揭示出来,就变成一种引人注目的令人愉快的教益。

我们对于说谎者悖论的奥斯汀解决方案就采用这种传统。在罗素阐释中有一个隐含参量,而奥斯汀诊断则把它揭示出来:该命题关于的此世界的部分。罗素阐释假定,这种"部分"使此世界包含于它的总体。但是,正如集合论悖论表明我们不能一般地相对于所有集合的全域来理解那样,说谎者悖论也表明,我们不能一般地做出关于所有事实的全域的陈述。如果我们坚持罗素命题观念,那么说谎者悖论就会迫使我们承认在此世界中的一种本质部分性:存在不真的命题,但它为假却处于该事实全域之外,处于此"世界"之外。

通过揭示出来罗素解决方案遗漏的隐含参量,奥斯汀解决方案提出一种新的命题观念,并试图把此世界充实为一个整体。一旦完成这个步骤,此世界的融贯性和总体性就都得以保留。每个命题都是真的要么是假的,而且没有任何东西能够阻止真或假是此世界中的一个事实,即反过来可以用命题来刻画的事实。说谎者命题现在提供一种教益,而不是导致一个悖论:说谎者命题为假,虽然是此世界的一种完全值得尊重的一般特征,却不是该命题关于的具体情境的一种特征。在这里,说谎者命题的**假**对角线出它关于的有限情境,而在罗素解决方案中,它却看起来对角线出此整个世界。这,加上我们对于此世界应当囊括每个事实事物的直觉,就是从罗素观念来讲该悖论看起来如此令人迷惑的原因。

按照罗素观念,我们放弃的是此世界的总体性。按照奥斯汀阐释,我们无需放弃这样深入人心的形上观念。但是,某种东西必须放弃,它是一种信念,即命题一般可以关于此整个世界。当我们放弃它时,我们究竟放弃多少呢? 可以论证,不是太多。因为映像定理的教益是,奥斯汀命题可以关于极其包容的情境,而这些情境可以有效地囊括一个罗素世界包含的任何事物。而且,我们可以在不出问题的情况下走出这样一个情境,并且描述它的说谎者命题的表现。因而,在某种奇特的意义上,最初作为表达力之局限侵袭而来的东西,实际上为更强的表达力扫清了道路。特别地,我们摆脱了一种特殊境地,即承认说谎者命题是假的但又不能表达它。当面对表达强化说谎者命题的语句时,这就是对比这两种阐释的推论的寓意。

第 2 节　怀疑者的教益

我们在罗素解决方案和奥斯汀解决方案中运用的整个架构,都预设一种丰富的本体论,包括性质、关系、命题和情境。这种架构可能冲突于某些读者的唯名论倾向。我们不认同那些倾向,并的确认为,在奥斯汀阐释上产生的这种吸引人的解决方案,反对那种过分简单的唯名论立场。而且,我们相信可以从这项工作汲取一些教益,并且把这些教益融进为数不多的关于语言和此世界的阐释。

例如,请考虑我们是如何按照罗素模型来刻画该悖论的根源的。一方面,我们说完全正确的推理却得出说谎者命题不能为真的结论,另一方面,我们却坚持此世界是事实的总体,问题就产生于这两者之间的张力。后面这种直觉引导我们把说谎者命题为假这个事实放入此世界,或者更准确地说,引导我们假定说谎者命题为假始终都在那里。但是,一旦完成这个步骤,我们就陷入悖论。

虽然这种刻画充满命题、事实和此世界,但基本的洞见却是关于语言用法的,独立于用来表达这种洞见的本体论。无论怎样刻画,说谎者命题看起来具有悖论性的推理都有三个不同步骤。第一步,我们进行一个元层次论证,它表明说谎者命题不能是真的。第二步,我们把这个结论对象化,并假定它是此世界的一种特征,可以影响真和假。这里有一个明显转换,从语义事实领域转换到我们的陈述描述的典型的非语义领域。第三步涉及把这种新发现的论域(domain of discourse)特征,用作表明说谎者命题为真的进一步的元层次推理的前提。这样就导致悖论。

唯名论者可以诉诸一种类似于罗素阐释的方法,并且由此而论证根本不能采用上述推理的第二步,另一种方法则是模仿奥斯汀解决方案。即使语义学中的极端唯名论传统,即追随戴维森纲领(Davidsonian program)的唯名论传统,也承认自然语言的一种真理理论必须包含由一个语句的运用语境而确定的参量。当然,这样的参量不但对于处理标准索引词(indexicals)是需要的,而且对于固定一句话的更广泛特征,像预期的量化域,也是需要的。唯名论者可能把奥斯汀阐释的这种教益,当作还存在另一种语境参量的教益,该参量相应于奥斯汀的被描述情境,它的值必然随着像说谎者句那样语句的话语或推理的变化而变化。

关于奥斯汀阐释,另一种质疑可能产生于普通的"情境"概念的模糊性（vagueness）与我们的模型使用的精确集合论表征之间的落差。看起来，我们的阐释关键取决于能够把在一个情境中成立与不成立的
176 准确事实区分开来，而对于现实情境，这样的界线从来就不很清楚。但是，这误解了模型与被建模的语义机制之间的关系。

　　每当一个事物被用于建模另一个事物时，第一个事物的很多特征对于表征都具有重要的意义，而其他特征则不具有。只有某些表征性质能够表征被表征事物的性质，而其他的则仅仅是该模型的人为现象而已。例如，一架飞机的一个轻木模型的实际大小就是一种人为现象，但该模型的比例却表征所建模的飞机的比例。相似地，我们的集合论模型的很多特征都不能被看作所建模领域的相应特征的表征。例如，现实命题都不是集合，它们也无需表现出对应于诸如集合的基数等用来表征它们的特征。同样，现实情境都不是集合，集合论模型的精确界线无需表征所建模的情境中的精确界线。这类似于用实数来表征物理学中的温度、速度或位置：模型的精确不过是所表征的现象的理想化。

　　按照奥斯汀观念，无论何时我们做出一个断言，该断言都是一个关于这个或那个情境的断言。但是显然，即使奥斯汀自己也会承认，一个人指称什么情境，极少是清晰精确的。确实，情境的精确界线通常是不重要的。然而，如果一个人表达我们前面所谓的一个非持续命题，比如断言一个房间里的人是指这整个房间里的人，或者断言那位牌手有两张同类的牌，那么某种界线确实就是重要的。相似地，这种界线在说谎者悖论情况下也是重要的。但是，没有任何东西要求这些界线要像在我们的集合论模型中的界线那样精确。

　　现实情境的界线是不清晰的，这种事实只能使人更加容易陷入忽视界线的困境。一旦我们忽视它们，那么在表达说谎者命题上，首先就容易认为，它为假这个事实很可能是所指情境的部分。但是，情况从来不是如此，并且这不是因为我们小心地把它排斥在外了。相反，无论我们指称什么现实情境，无论是否小心，该现实情境的说谎者命题的假都必然被排斥在外，就像罗素集 z_a 被排斥在 a 之外那样。我们关于界线

的非清晰性没有改变这个事实,虽然这很可能使它更加难以理解。 177

　　如果我们的奥斯汀阐释是正确的,那么这种模糊性(vagueness)引起的日常语言用法的歧义性(ambiguity),就是使说谎者悖论看起来如此难缠的一种因素。但是,它决不是唯一的因素。另一种因素有关于否定与否认之间的歧义,以及断定一个否定断言与否认一个肯定断言之间的歧义。作为逻辑学家,我们习惯限定于关注被视为断定的语句,因而忽视我们利用语言所做的所有其他事物。这是被言语行为理论家经常提起的一种毛病,但逻辑学家却在实践中在很大程度上忽视了它。奥斯汀阐释再次提示,断定与否认以复杂的方式相互作用,说谎者悖论的一种完满解决要求同时关注这两者。确实,言语行为观念,及其强调语言运用本身对于此世界的影响,与说谎者悖论的奥斯汀解决,看起来是完全协调的,这也许并不令人感到惊奇。

　　歧义的第三个根源在我们的说谎者悖论分析中具有重要意义,它涉及词项"本命题"的指称,以及它在英语中要么被指示地应用要么被自反地应用这种事实。特别地,在强化说谎者悖论的奥斯汀分析中,我们看到,"本命题"在说谎者句中的一个自反用法迫使我们言说关于任何实际情境的某个事物为假,而在相同语句中的相同"本命题"的一个指示用法,由指称一个说谎者命题而做出,则允许我们言说某命题是真的,即所指称的说谎者命题不是真的。

　　从奥斯汀观念来看,说谎者句不导致真正的悖论。倒不如说,该语句可以有很多不同的用法来言说很多不同的东西。曾经表现为悖论的东西,现在看来却像无处不在的歧义。这是这种解决方案的一种令人遗憾的特征,否则这种解决方案就完美了。逻辑学家讨厌歧义但喜欢悖论。

参考文献

Aczel, Peter. *Non-well-founded Sets*. CSLI Lecture Notes No. 14 (1988).

Austin, John L. , "Truth." *In Proceedings of the Aristotelian Society*. Supp. Vol. xxiv (1950). *Reprinted in Philosophical Papers*, ed. J. O. Urmson and G. J. Warnock. Oxford: Oxford University Press (1961): 117 - 133.

Barwise, Jon. "Modeling Shared Understanding, " Working Paper, Center for the Study of Language and Information, Stanford University (1985).

Barwise, Jon. "The Situation in Logic - Ⅱ: Conditionals and Conditional Information." Report No. CSLI - 84 - 21. Center for the Study of Language and Information. Stanford University (1984). Also in On Conditionals, ed. E. C. Traugott, C. A. Ferguson and J. S. Reilly. Cambridge, England: Cambridge University Press, (1986): 21 - 54.

Barwise, Jon and John Perry. *Situations and Attitudes*. Cambridge, Mass. : Bradford Books/ MIT Press, 1983.

Barwise, Jon and John Perry. "Shifting Situations and Shaken

Attitudes." *Linguistics and Philosophy* 8 (1985): 105 - 161.

Boolos, George and Richard Jeffrey. *Computability and Logic.* 2nd. ed. Cambridge, England: Cambridge University Press, 1980.

Burge, Tyler, "Semantical Paradox." *Journal of Philosophy* 76   180
(1979): 169 - 198. Reprinted in Martin (1984): 83 - 117.

Chihara, Charles. " The Semantic Paradoxes: A Diagnostic Investigation. " *Philosophical Review* 88 (1979): 590 - 618.

Etchemendy, John, "Tarski on Truth and Logical Consequence. " *Journal of Symbolic Logic* 53 (1988): 51 - 79.

Gupta, Anil. "Truth and Paradox. " *Journal of Philosophical Logic* 11 (1982): 1 - 60. Reprinted in Martin (1984): 175 - 236.

Harman, Gilbert. Review of *Linguistic Behavior*, by Jonathan Bennett. *Language* 53 (1977): 417 - 424.

Keisler, H. Jerome. *The Model Theory of Infinitary Logic.* Amsterdam: North Holland Studies in Logic, 1971.

Kripke, Saul. "Outline of a Theory of Truth. " *Journal of Philosophy* 72 (1975): 690 - 716. Reprinted in Martin (1984): 53 - 81.

Kueker, D. W. "Countable approximations and Löwenheim-Skolem Theorems. " *Annals of Mathematical Logic* 11 (1977): 57 - 103.

Kunen, Kenneth. *Set Theory: An Introduction to Independence Proofs.* Amsterdam: North-Holland, 1980.

Martin, Robert L. *Recent Essays on Truth and the Liar Paradox.* New York: Oxford University Press, 1984.

Parsons, Charles. "The Liar Paradox. " *Journal of Philosophical Logic* 3 (1974): 381 - 412. Reprinted with a postscript in Martin (1984): 9 - 46.

Parsons, Terry. "Assertion, Denial and the Liar Paradox. " *Journal of Philosophical Logic* 13 (1984): 137 - 152.

Tarski, Alfred. "The Concept of Truth in Formalized Languages." *Logic, Semantics, Metamathematics.* Oxford: Clarendon Press, 1956: 152 - 277. This article is a translation of "Der Wahrheitsbegriff in den formalisierten Sprachen." *Studia Philosophica* 1 (1935): 261 - 405. This in turn is a translation of the Polish original *Pojecie prawdy w jezykach nauk dedukcyjnych.* Prace Towarzystwa Naukowego Warszawskiego, Wydzial Ⅲ matematyczno-fizycznych, No. 34, Warsaw 1933.

索 引

（索引中的页码为原著页码，检索时请查本书边码）

附　言[①]

在《说谎者悖论》首次面世那年,对于这里处理的问题,我们的思想有所进展,尤其是在与同事们的评论和批评互动的过程中。我们希望利用最后几页空间来强化在第一版中被轻视的一些要点,以及提示以一种稍微不同的方式来看待书中提出的一个要点。

一、隐含参量

我们可以把该悖论的奥斯汀解决方案视为两个步骤的结果:第一,揭示出来被描述情境的参量;第二,承认该参量可以被填充为某个事物,该事物小于此整个世界。第一步显然是不可反驳的。每位语义学研究者都承认此世界在确定断言的真或假上所起的作用,而奥斯汀命题对于具有这种作用的对象而言则不过是包括一个明确的参量。罗素观念背后的假定不是不存在这样的参量,而是它可以被视为固定的,被视为总是由全体事实来填充的。奥斯汀观念没有这种假定。但是,无论哪种方式,我们都难以拒斥明确地承认这种参量本身。

当然,如果罗素观念是正确的,那么这种作用就总是由此整个世界

---

①　这本书首次出版于 1987 年,这个附言是在 1989 年出平装版时所写的。——译注

来承担的。因此，奥斯汀的参量不妨被留为隐含的。但是，我们的罗素分析的寓意是，承担这种作用的东西一般不能包含所有事实，至少如果说谎者句确实表达一个命题的话。由罗素观念来看，这听起来是悖论性的：似乎此世界必定是本质上不完全的。但是，从另一角度说，这恰好就是奥斯汀观念：并非**此世界**是不完全的，而是此世界一般不具有罗素观念要求它具有的作用。说谎者句表达的任何命题必然是关于此世界的一个部分的，而不是关于此整个世界的。

有人或许希望由此而推断说谎者句根本不能表达一个命题。但是，这种推断的动机是什么呢？无疑，这不是说**不能**做出关于此世界的有限部分的断言。关于某场特定的扑克游戏，我们可以正确地断定"没有人有幺点"，即使几乎可以肯定任何时候在此世界上都有人有幺点。直觉上，陈述句通常用以做出关于此世界的有限部分的断言。如果克莱尔断定"麦克斯没有梅花三"，或者"没有人有幺点"，那么正如我们所观察的，就她碰巧描述的扑克游戏而论，存在一个事实。因此，如果我们推断说谎者句不能表达一个命题，那么这必定是由于对于那个特定语句而言的某种具体原因。我们将在下一节中来探讨那会是什么原因。

看起来清楚的是，我们有时利用语句来描述此世界的有限部分；的确，我们的多数日常断言都属于这种情况。但是，表达关于此整个世界的断言，看起来也是可能的。奥斯汀观念迫使我们否认这种简单直觉吗？答案是否定的。读者将注意到，在第 III 篇中，总奥斯汀模型都是真类，因此不算是情境，而情境则是由集合来建模的。然而，这实际上是我们在**建模**奥斯汀架构中所做的决定的一种人为现象，而不是奥斯汀架构本身强加给我们的东西。当然，没有说谎者命题能够是关于此整个世界的；这是逻辑独自强加给奥斯汀架构的。但是，这得不出普通断言必须被限制于这种断言方式。

我们可以修正我们的奥斯汀模型，以便以各种方法反映这种观点。一种方法是利用由映像定理产生的镜像对付集合与类的这种问题。

令 m 是任何镜像。对于一个 m-命题,我们的意思是指一个命题,它的真或假是 m 中的一个事实。对于一个 m-情境,我们的意思是指一个情境,它既是 m 中的一个命题的一个构成要素,又是 m 的一个子集。奥斯汀观念的一个替代模型将以 m 来表征此整个世界,因此将仅容许 m-命题(m-propositions)和 m-情境(m-situations)。有了这种技术,我们将发现,某些语句将表达关于此整个世界的命题,而其他的则否。当然,说谎者句属于后者。

从这种观点来看,本书的重要断言是,为被描述情境明确引进的参量让我们相当清楚地看出说谎者句为什么如此诡谲。我们已经表明,如果它被用来做出关于此世界的某个特定部分的断言,那么它总是给你一个事实,其处于该被描述部分之外。所以,它不能被用来做出关于此整个世界的断言,无论其他语句是否能够如此。更一般地讲,映像定理表明,对于罗素观念而言的悖论语句,确实不能被用来做出关于此整个世界的断言。[①]

二、指示规约

有些读者认为,我们承诺断言英语说谎者句,无论何时断定地说出它,它都自动表达某个限定奥斯汀命题,并且该命题是假的。我们没有这样认为。我们不相信某种魔杖神秘地确定一个陈述关于什么情境。那显然是由交流需求所确定的东西,或者正像奥斯汀会说的那样,是由英语的指示规约所确定的东西。

我们的书是处理说谎者悖论的纯粹逻辑方面的一种努力。我们希望表明,真正的循环断言是没有问题的,至少在逻辑上是如此。并且,就逻辑而言,甚至可以相容地假定,说谎者句可以被用来做出断言,虽

---

① 曼切斯特(Manchester)的保罗·J. 金(Paul J. King),在他的未出版的手稿《说谎者悖论的两种语义方案的相似性》(Similarities between the Two Semantic Approaches of 'The Liar')中,发展一种类似于映像定理,但又不同于它,并且在多个方面都更具启发性的方案。

然是受到限制的断言。然而，我们还表明，它绝不能被用来做出一个真的断言。[①]

由于我们关心的都是逻辑方面的东西，所以我们的解决方案不处理语言交流方面的问题。的确，我们的人工语言 $\mathcal{L}$ 不包含重要的交流成分。实际上，我们设计的语言只有一种指示规约：怎么都行。也就是说，任何事实集都算是一个实际情境，它对于 $\mathcal{L}$ 的语句所表达的断言的真而言，是一个潜在的裁决者。但是，这显然太宽松了，在英语中对于什么情境能够担当这种作用是存在额外制约的。例如，如果我断言一个房间里的每个人都醒着而其中一半人却睡着了，那么我的断言极有可能是假的。我不能借口我描述的仅仅是该房间的一部分，该部分包含的人都是醒着的。至少在通常情况下，这会违反英语的指示规约。

我们在书中说，这些额外的指示规约很可能影响一个人对英语说谎者句的认识。我们提示，例如，英语的指示规约有可能对被描述情境要求某种语义封闭条件。例如，指示规约有可能预设类似于 F-封闭的条件，即在表达说谎者句时根本无法满足的条件。如果是这样，那么奥斯汀阐释将具有一种略微不同的力量。它表明，假定这种指示规约，那么说谎者句就根本不能表达任何命题：它的用法会保证，所假定的这种规约是被违反的。

马克·克里明斯给出另一种提示。或许，英语的指示规约要求被描述情境是由交互可及事实（mutually accessible facts），即说者和听者通常都知道的事实，而充分确定的。这符合一般的格莱斯合作交流原则（Gricean principles of cooperative communication）。如果某种类于"本（this）"的东西是英语的一条指示规约，那么就此而言，就会难以把说谎者句或言真者句运用得符合该规约。人们在断定的心态下肯定会做得更多，而不是仅仅说出该语句。

这看起来是在奥斯汀架构中所追求的一种重要的探究线路。但

---

① 除非它被用来表达一个否认。

是,注意,这些都是在英语和其他自然语言中关于交流的经验问题。我们的书,通过表明某些可想象的指示规约由于纯逻辑方面的原因而不能被说出说谎者句来满足,仅仅是粗浅地触及这些问题。对于我们的思路而言,更重要的是,它表明这些规约**为何**不能被满足。

三、重回悖论?

由于我们的元理论 ZFC/AFA 是相容的,所以我们对说谎者悖论的阐释也是相容的。而且,可以想象,一旦我们扩展所研究的语义机制,那么某种悖论将再次出现。的确,有些读者试图在我们的阐释精神中找到悖论。迄今为止,至少就我们所知,没有人能够成功。但是,我们想在这里谈谈两个比较有趣的尝试,因为它们阐明了本书研究的一般现象。

有些读者感觉,一旦引进量化,我们就将回到水深火热的悖论之中。当我们说说谎者句合法表达的每个命题都是假的时,我们自己不是在非常接近做出关于说谎者句的莫名其妙的断言吗? 特别地,在如下陈述中,不潜藏一个悖论吗?

本语句可表达的每个命题都是假的。

人们有几种方式可以为这里给出的阐释引进量化。一种是明显方式,它的量词域被视为被描述情境的定义域,比如作为其传递闭包的元素的对象集。另一种是在广义量词传统中来引进的,量词被用于表达集合之间的关系。这种方式的一种变种是,量词被用于表达性质之间的关系。因此,我们可以引进一个事实如下:

〈⊑,鲸鱼,哺乳动物;1〉。

这个事实是成立的,因为每头鲸鱼都是一个哺乳动物。给定人类语言的灵活性,一种完满的阐释将可能不得不支持所有三种量词解释。我们来讨论按照第一种并且最简明的解释,上述语句会出现何种情况。(其他解释的情况大致相同,尽管事情变得更复杂。)

如果我们利用所论及的这个语句来表达关于此世界的某个部分 s 的一个命题 p_s，该部分 s 的定义域包含命题的某个汇集，那么在这种解释下，会发生什么情况呢？p_s 将是真的，还是假的呢？嗯，这得视情况而定。没有什么东西能够阻止它表达一个真命题，甚至是关于一个实际情境的命题。然而，仅当 p_s 本身不在 s 的定义域中，才能发生这种情况。（例如，如果 s 是一个实际情境，没有命题在它的定义域中，那么 p_s 就是真的。）也就是说，如果 p_s 在某个实际情境 s 的定义域中，使得量化包括 p_s，那么这个命题就不得不是假的。由此得出，在一个可及命题为真的情况下，它为真的事实 $\langle Tr, p_s; 1\rangle$ 将不是 s 的部分。①

但是，如果我们试图利用这个语句去做出一个关于此整个世界 w 的断言，会发生什么情况呢？在这种情况下，p_w 将在 w 的定义域中，因此我们知道 p_w 将是假的。这是不足为怪的，更不用说悖论语句了，因为我们已经看到，我们的语句可表达的有些命题是真的。

帕蒂·布兰切特（Paddy Blanchette）为重新引进一个悖论提出一种更有原创性的尝试。令 F 是某个算子，它给任何命题 p 指派某个实际情境 $s=F(p)$，该情境决定命题 p 的真值。因此，$\langle Tr, p; 1\rangle \in F(p)$，要么 $\langle Tr, p; 0\rangle \in F(p)$。（也许，$F$ 挑出这样的最小情境，或者满足某些封闭条件的最小情境。）现在，请考虑陈述"本命题在 F（本命题）中是假的"。如果这个语句能够用来表达一个命题

$$p=\langle F(p); [Tr, p; 0]\rangle,$$

该命题是关于 F 实际上挑出的那个实际情境的命题，那么就会导致布兰切特悖论（Blanchette paradox）。

首先，需要注意的是，没有命题能够满足这个方程。的确，如果 s 是实际的，并且 $p=\langle s; [Tr, p; 0]\rangle$，那么 $F(p)$ 不能是 s 的一个子集，或

① 注意，在保罗致提多书（Paul's epistle to Titus）中那位克里特岛人做出的断言，即克里特岛人总是说谎，可以得到一种类似于此的处理。因为保罗把它当作一个真断言，它预设的定义域不包含该断言本身。在这种情况下，这看起来显然是正确的。

者等同于 *s*。［练习：这不违反有解引理，就像没有集合满足方程 *x* ＝ *Power*(*x*)这个事实一样。请说明这究竟是怎么回事儿。］

其次，还要注意，命题关于一个给定被描述情境的方式，不是通过说者明确提及该情境来确定的，而是通过该语言的指示规约来确定的。但是，这不是说我们不能明确地提及情境。如果我们断言，例如，"那是一个危险情境，"那么所表达的命题就将具有一般的形式{*s*；［危险的，*s*′；1］}，其中 *s* 可能等同于或不等同于明确指称的情境 *s*′。这对于语句"命题 *p* 在那个情境中是假的"是类似的。这个语句的有关类型将具有[⊨, *s*, [*Tr*, *p*；0]；1]的形式，其中 *p* 是所指称的命题，*s* 是情境，⊨ 是一个情境与其满足的那些类型之间的关系。（另一种可能是这两个极值相互调换的结果。这类似于我们的**断定的说谎者命题**与**否认的说谎者命题**之间的不同。任何循环都是如此。）

我们可以充实我们的语言 𝓛，以使布兰切特的语句是可表达的。如果我们用它表达一个关于某个实际情境 *s* 的命题，那么我们将会得到一个命题

$$p = \{s; [\models, F(p), [Tr, p, 0]; 1]\}。$$

p 是真的还是假的呢？它是假的。因为假如它是真的，那么⟨*Tr*, *p*；0⟩本会属于 *F*(*p*)，但这本会使 *p* 成为假的。但是，⟨*Tr*, *p*；0⟩这个事实怎么样呢？嗯，它就是一个事实，并且将确实是在 *F*(*p*) 中。因此，⟨⊨, *F*(*p*), [*Tr*, *p*, 0]；*l*⟩也是一个事实，尽管这不是 *s* 的一个构成要素。我们再次看到奥斯汀解决方案的对角线化特征。

四、建模

我们的书有一个主导动机，有些读者忽视了，这也许是因为我们从未停顿下来给予它特别的关注。有些读者注意到它，敦促我们更明确地阐述它。该主题是对待集合论在语义学中的作用的一种特殊态度。我们在本书中试图做的事情之一是，非常明确地对待我们对于陈述、命

题和**真**的理论阐释与我们的这些事物的数学模型之间的不同。我们没有假装为我们的理论给出一种正式的公理化翻译。恰恰相反，我们给出所涉及的关键概念的集合论模型，这很像一个太阳系仪是行星运转的一个模型而不是它们运转的一个理论。

我们不认为这在任何方面都专属于我们的工作，实际上我们认为这是理解集合论在形式语义学中普遍运用的正确方式。本书的不同之处也许在于明确地关注这种传统导致的某些问题。特别地，我们明确地直面关于模型的某个方面是否是所建模的领域的一种反映的问题，或者恰恰相反，是否是我们的建模方式的一种人为现象的问题。该太阳系仪的金属线不使它的设计者承诺做出关于何物固定行星位置的任何断言。类似地，我们看到，我们的集合论模型的很多特征都不反映关于语义建模对象的本性的理论承诺。例如，（由于我们使用 AFA）我们的命题模型可以把自身作为集合论构成要素这种事实，不意味着它涉及关于现实命题的一种类似的断言。它仅仅反映，我们相信命题有时是可以**关于**它们自身的命题。我们没有谈到命题是否在某种更强的意义上具有构成要素的问题。

译者后记

这本书的初步译稿是我在读博期间完成的，直至今年一月中旬确定出版这本译著，我才又重启这本书的翻译工作。由于原译稿被搁置的时间很长，所以可以说这次翻译是一次重译，其中青海师范大学马克思主义学院 2015 级研究生郭婧重译第 II 篇及以后部分。

特别感谢南京大学张建军先生，我的博士生导师。先生关爱他的每位学生，即使已经毕业多年的学生。这次，先生又把这部经典文献的翻译列入国家社科基金重大项目"广义逻辑悖论的历史发展、理论前沿与跨学科应用研究"（编号 18ZDA031）的阶段性成果，努力促成本译著的出版事宜，并且就许多关键术语的译法再三斟酌，反复讨论。

衷心感谢南京大学出版社对于本译著列入当代学术棱镜译丛"当代逻辑理论与应用研究系列"的支持和帮助，非常感谢责任编辑陈佳老师的出色工作。

衷心感谢梁世欣、张晶晶、朱宏辉、王永涛和赵钰琪等五位华东师范大学哲学系逻辑学专业研究生，以及我的太太郭静女士，他们每人都认真完整地校对一遍全书译稿，发现一些问题，并且提出一些很好的建议，由张建军老师和我统定全稿。

本译著也是上海市哲学社会科学规划项目"情境语义学解悖方案研究"（编号 2019BZX010）的阶段性成果。感谢该项目对于本书翻译工作的支持。

贾国恒

2020 年 8 月 6 日

《当代学术棱镜译丛》
已出书目

媒介文化系列

第二媒介时代 [美]马克·波斯特

电视与社会 [英]尼古拉斯·阿伯克龙比

思想无羁 [美]保罗·莱文森

媒介建构:流行文化中的大众媒介 [美]劳伦斯·格罗斯伯格 等

揣测与媒介:媒介现象学 [德]鲍里斯·格罗伊斯

媒介学宣言 [法]雷吉斯·德布雷

媒介研究批评术语集 [美]W. J. T. 米歇尔 马克·B. N. 汉森

解码广告：广告的意识形态与含义 [英]朱迪斯·威廉森

全球文化系列

认同的空间——全球媒介、电子世界景观与文化边界 [英]戴维·莫利

全球化的文化 [美]弗雷德里克·杰姆逊 三好将夫

全球化与文化 [英]约翰·汤姆林森

后现代转向 [美]斯蒂芬·贝斯特 道格拉斯·科尔纳

文化地理学 [英]迈克·克朗

文化的观念 [英]特瑞·伊格尔顿

主体的退隐 [德]彼得·毕尔格

反"日语论" [日]莲实重彦

酷的征服——商业文化、反主流文化与嬉皮消费主义的兴起 [美]托马斯·弗兰克

超越文化转向 [美]理查德·比尔纳其 等

全球现代性:全球资本主义时代的现代性 [美]阿里夫·德里克

文化政策 [澳]托比·米勒 [美]乔治·尤迪思

通俗文化系列

解读大众文化 [美]约翰·菲斯克

文化理论与通俗文化导论(第二版) [英]约翰·斯道雷

通俗文化、媒介和日常生活中的叙事 [美]阿瑟·阿萨·伯格

文化民粹主义 [英]吉姆·麦克盖根

詹姆斯·邦德:时代精神的特工 [德]维尔纳·格雷夫

消费文化系列

消费社会 [法]让·鲍德里亚

消费文化——20世纪后期英国男性气质和社会空间 [英]弗兰克·莫特

消费文化 [英]西莉娅·卢瑞

大师精粹系列

麦克卢汉精粹 [加]埃里克·麦克卢汉 弗兰克·秦格龙

卡尔·曼海姆精粹 [德]卡尔·曼海姆

沃勒斯坦精粹 [美]伊曼纽尔·沃勒斯坦

哈贝马斯精粹 [德]尤尔根·哈贝马斯

赫斯精粹 [德]莫泽斯·赫斯

九鬼周造著作精粹 [日]九鬼周造

社会学系列

孤独的人群 [美]大卫·理斯曼

世界风险社会 [德]乌尔里希·贝克

权力精英 [美]查尔斯·赖特·米尔斯

科学的社会用途——写给科学场的临床社会学 [法]皮埃尔·布尔迪厄

文化社会学——浮现中的理论视野 [美]戴安娜·克兰

白领：美国的中产阶级 [美]C. 莱特·米尔斯

论文明、权力与知识 [德]诺贝特·埃利亚斯

解析社会：分析社会学原理 [瑞典]彼得·赫斯特洛姆

局外人：越轨的社会学研究 [美]霍华德·S. 贝克尔

社会的构建 [美]爱德华·希尔斯

新学科系列

后殖民理论——语境 实践 政治 [英]巴特·穆尔-吉尔伯特

趣味社会学 [芬]尤卡·格罗瑙

跨越边界——知识学科 学科互涉 [美]朱丽·汤普森·克莱恩

人文地理学导论：21世纪的议题 [英]彼得·丹尼尔斯 等

文化学研究导论：理论基础·方法思路·研究视角 [德]安斯加·纽宁
[德]维拉·纽宁主编

世纪学术论争系列

"索卡尔事件"与科学大战 [美]艾伦·索卡尔 [法]雅克·德里达 等

沙滩上的房子 [美]诺里塔·克瑞杰

被困的普罗米修斯 [美]诺曼·列维特

科学知识：一种社会学的分析 [英]巴里·巴恩斯 大卫·布鲁尔 约翰·亨利

实践的冲撞——时间、力量与科学 [美]安德鲁·皮克林

爱因斯坦、历史与其他激情——20世纪末对科学的反叛 [美]杰拉尔德·
霍尔顿

真理的代价：金钱如何影响科学规范 [美]戴维·雷斯尼克

科学的转型：有关"跨时代断裂论题"的争论 [德]艾尔弗拉德·诺德曼
[荷]汉斯·拉德 [德]格雷戈·希尔曼

广松哲学系列

物象化论的构图 [日]广松涉

事的世界观的前哨 [日]广松涉

文献学语境中的《德意志意识形态》 [日]广松涉

存在与意义（第一卷） [日]广松涉

存在与意义（第二卷） [日]广松涉

唯物史观的原像 [日]广松涉

哲学家广松涉的自白式回忆录 [日]广松涉

资本论的哲学 [日]广松涉

马克思主义的哲学 [日]广松涉

世界交互主体的存在结构 [日]广松涉

国外马克思主义与后马克思思潮系列

图绘意识形态 [斯洛文尼亚]斯拉沃热·齐泽克 等

自然的理由——生态学马克思主义研究 [美]詹姆斯·奥康纳

希望的空间 [美]大卫·哈维

甜蜜的暴力——悲剧的观念 [英]特里·伊格尔顿

晚期马克思主义 [美]弗雷德里克·杰姆逊

符号政治经济学批判 [法]让·鲍德里亚

世纪 [法]阿兰·巴迪欧

列宁、黑格尔和西方马克思主义：一种批判性研究 [美]凯文·安德森

列宁主义 [英]尼尔·哈丁

福柯、马克思主义与历史：生产方式与信息方式 [美]马克·波斯特

战后法国的存在主义马克思主义：从萨特到阿尔都塞 [美]马克·波斯特

反映 [德]汉斯·海因茨·霍尔茨

为什么是阿甘本？ [英]亚历克斯·默里

未来思想导论：关于马克思和海德格尔 [法]科斯塔斯·阿克塞洛斯

无尽的焦虑之梦：梦的记录（1941—1967）附《一桩两人共谋的凶杀案》

（1985） [法]路易·阿尔都塞

经典补遗系列

卢卡奇早期文选 [匈]格奥尔格·卢卡奇

胡塞尔《几何学的起源》引论 [法]雅克·德里达

黑格尔的幽灵——政治哲学论文集[Ⅰ] [法]路易·阿尔都塞

语言与生命 [法]沙尔·巴依

意识的奥秘 [美]约翰·塞尔

论现象学流派 [法]保罗·利科

脑力劳动与体力劳动:西方历史的认识论 [德]阿尔弗雷德·索恩-雷特尔

黑格尔 [德]马丁·海德格尔

黑格尔的精神现象学 [德]马丁·海德格尔

生产运动:从历史统计学方面论国家和社会的一种新科学的基础的建

立 [德]弗里德里希·威廉·舒尔茨

先锋派系列

先锋派散论——现代主义、表现主义和后现代性问题 [英]理查德·墨菲
诗歌的先锋派:博尔赫斯、奥登和布列东团体 [美]贝雷泰·E.斯特朗

情境主义国际系列

日常生活实践 1.实践的艺术 [法]米歇尔·德·塞托
日常生活实践 2.居住与烹饪 [法]米歇尔·德·塞托 吕斯·贾尔 皮埃尔·
梅约尔
日常生活的革命 [法]鲁尔·瓦纳格姆
居伊·德波——诗歌革命 [法]樊尚·考夫曼
景观社会 [法]居伊·德波

当代文学理论系列

怎样做理论 [德]沃尔夫冈·伊瑟尔

21 世纪批评述介 [英]朱利安·沃尔弗雷斯

后现代主义诗学:历史·理论·小说 [加]琳达·哈琴

大分野之后:现代主义、大众文化、后现代主义 [美]安德列亚斯·胡伊森

理论的幽灵:文学与常识 [法]安托万·孔帕尼翁

反抗的文化:拒绝表征 [美]贝尔·胡克斯

戏仿:古代、现代与后现代 [英]玛格丽特·A. 罗斯

理论入门 [英]彼得·巴里

现代主义 [英]蒂姆·阿姆斯特朗

叙事的本质 [美]罗伯特·斯科尔斯　詹姆斯·费伦　罗伯特·凯洛格

文学制度 [美]杰弗里·J. 威廉斯

新批评之后 [美]弗兰克·伦特里奇亚

文学批评史:从柏拉图到现在 [美]M. A. R. 哈比布

德国浪漫主义文学理论 [美]恩斯特·贝勒尔

萌在他乡:米勒中国演讲集 [美]J. 希利斯·米勒

文学的类别:文类和模态理论导论 [英]阿拉斯泰尔·福勒

思想絮语:文学批评自选集(1958—2002) [英]弗兰克·克默德

叙事的虚构性:有关历史、文学和理论的论文(1957—2007) [美]海登·怀特

21 世纪的文学批评:理论的复兴 [美]文森特·B. 里奇

核心概念系列

文化 [英]弗雷德·英格利斯

风险 [澳大利亚]狄波拉·勒普顿

学术研究指南系列

美学指南 [美]彼得·基维

文化研究指南 [美]托比·米勒

文化社会学指南 [美]马克·D. 雅各布斯　南希·韦斯·汉拉恩

艺术理论指南 ［英]保罗·史密斯　卡罗琳·瓦尔德

《德意志意识形态》与文献学系列

梁赞诺夫版《德意志意识形态·费尔巴哈》［苏]大卫·鲍里索维奇·梁赞诺夫

《德意志意识形态》与 MEGA 文献研究 ［韩]郑文吉

巴加图利亚版《德意志意识形态·费尔巴哈》［俄]巴加图利亚

MEGA:陶伯特版《德意志意识形态·费尔巴哈》 ［德]英格·陶伯特

当代美学理论系列

今日艺术理论 ［美]诺埃尔·卡罗尔

艺术与社会理论——美学中的社会学论争 ［英]奥斯汀·哈灵顿

艺术哲学:当代分析美学导论 ［美]诺埃尔·卡罗尔

美的六种命名 ［美]克里斯平·萨特韦尔

文化的政治及其他 ［英]罗杰·斯克鲁顿

现代日本学术系列

带你踏上知识之旅 ［日]中村雄二郎　山口昌男

反·哲学入门 ［日]高桥哲哉

作为事件的阅读 ［日]小森阳一

超越民族与历史 ［日]小森阳一　高桥哲哉

现代思想史系列

现代化的先驱——20 世纪思潮里的群英谱 ［美]威廉·R.埃弗德尔

现代哲学简史 ［英]罗杰·斯克拉顿

美国人对哲学的逃避:实用主义的谱系 ［美]康乃尔·韦斯特

视觉文化与艺术史系列

可见的签名 ［美]弗雷德里克·詹姆逊

摄影与电影 [英]戴维·卡帕尼

艺术史向导 [意]朱利奥·卡洛·阿尔甘　毛里齐奥·法焦洛

电影的虚拟生命 [美]D. N. 罗德维克

绘画中的世界观 [美]迈耶·夏皮罗

缪斯之艺:泛美学研究 [美]丹尼尔·奥尔布赖特

视觉艺术的现象学 [英]保罗·克劳瑟

总体屏幕:媒体—文化和超现代时代的电影 [法]吉尔·利波维茨基
[法]让·塞鲁瓦

当代逻辑理论与应用研究系列

重塑实在论:关于因果、目的和心智的精密理论 [美]罗伯特·C. 孔斯

情境与态度 [美]乔恩·巴威斯　约翰·佩里

逻辑与社会:矛盾与可能世界 [美]乔恩·埃尔斯特

指称与意向性 [挪威]奥拉夫·阿斯海姆

说谎者悖论:真与循环 [美]乔恩·巴威斯　约翰·埃切曼迪

波兰尼意会哲学系列

认知与存在:迈克尔·波兰尼文集 [英]迈克尔·波兰尼

科学、信仰与社会 [英]迈克尔·波兰尼

现象学系列

伦理与无限:与菲利普·尼莫的对话 [法]伊曼努尔·列维纳斯

新马克思阅读系列

政治经济学批判:马克思《资本论》导论 [德]米夏埃尔·海因里希

图书在版编目(CIP)数据

说谎者悖论：真与循环 /（美）乔恩·巴威斯，
（美）约翰·埃切曼迪著；贾国恒译. — 南京：南京大
学出版社，2022.4
（当代学术棱镜译丛 / 张一兵主编）
书名原文：The Liar：An Essay on Truth and
Circularity
ISBN 978 - 7 - 305 - 25099 - 6

Ⅰ. ①说… Ⅱ. ①乔… ②约… ③贾… Ⅲ. ①悖论—
研究 Ⅳ. ①O144.2

中国版本图书馆 CIP 数据核字(2021)第 277955 号

The Liar：An Essay on Truth and Circularity was originally published in English
in 1987.
This translation is published by arrangement with Oxford University Press.
Nanjing University Press is solely responsible for this translation from the original
work and Oxford University Press shall have no liability for any errors, omissions or
inaccuracies or ambiguities in such translation or for any losses caused by reliance
thereon.
All rights reserved.

江苏省版权局著作权合同登记 图字：10 - 2019 - 661 号

出版发行　南京大学出版社
社　　址　南京市汉口路 22 号　　　　邮　编　210093
出 版 人　金鑫荣
丛 书 名　当代学术棱镜译丛
书　　名　说谎者悖论：真与循环
著　　者　[美]乔恩·巴威斯　[美]约翰·埃切曼迪
译　　者　贾国恒
审　　订　张建军
责任编辑　陈　佳
照　　排　南京南琳图文制作有限公司
印　　刷　江苏凤凰通达印刷有限公司
开　　本　635×965　1/16　印张 14.25　字数 205 千
版　　次　2022 年 4 月第 1 版　2022 年 4 月第 1 次印刷
ISBN 978 - 7 - 305 - 25099 - 6
定　　价　58.00 元

网址：http://www.njupco.com
官方微博：http://weibo.com/njupco
官方微信号：njupress
销售咨询热线：(025) 83594756